たった

1日で基本が身に付く！

Swift アプリ開発 超入門

高橋 広樹［著］ Hiroki Takahashi

技術評論社

はじめに

本書は、Swiftをこれから学ぼうとしている方に向けた入門書です。

プログラミングがはじめての方でも読み進められるよう、図とサンプルコードを多く盛り込み、より平易な言葉を選び執筆いたしました。

Swiftというプログラミング言語は、iPhoneやiPad、MacなどApple社製品向けのアプリケーションを開発するためのものです。

おそらく本書を手に取ってくださった方もiPhoneやiPadといったデバイスをお持ちなのではないでしょうか。これに加えMacをお持ちであれば、アプリケーション開発をはじめることができます。

筆者は、プログラミングの習得の近道は、実際に手を動かしてみることだと思っています。

そこで、実際に手を動かしながら学ぶことができるよう、短いサンプルコードを題材にSwiftの基本について学べる構成にしています。

本書の前半ではSwiftの基本を学び、後半はシューティングゲームを題材にアプリケーションの作成方法について学びます。

是非、実際にコードを入力して、動く→楽しいという間隔を味わってください。

本書が、皆様のSwiftの学習のきっかけになれば幸いです。

[謝辞]

本書の執筆にあたり編集を担当いただいた原田崇靖様には大変お世話になりました。「かんたんVisual Basic」を執筆して以来、約10年のお付き合いになります。この場をお借りしてお礼申し上げます。
また、家族と多くの友人に支えられ本書を執筆できましたことを心より感謝いたします。

2019年4月

高橋 広樹

サンプルプログラムの利用方法

本書で掲載するサンプルプログラムは**CHAPTER 8**、**CHAPTER 9**以外基本的に省略せずに掲載していますので、誌面の通りに入力すれば動作します。**CHAPTER 8**、**CHAPTER 9**に関しても本誌P.210～P.219にて全ソースを掲載しております。そのため、サポートサイトで提供しているサンプルプログラムをダウンロードしていなくても、すべて問題なく学習することが可能です。

正しく動作するサンプルプログラムの内容を確認しながら学習したい場合、すでに学習済みのCHAPTERの復習を行いたい場合など、必要に応じて下記のサンプルプログラムをダウンロードし、ご利用ください。

ダウンロードしたファイルを解凍する

本書で使用しているサンプルプログラムは、以下のサポートページよりダウンロードできます。

サポートサイト https://gihyo.jp/book/2019/978-4-297-10480-1/support

ダウンロードしたファイル「samples.zip」はZIP形式で圧縮されています。ファイルを解凍（展開）するとその中に「CHAPTER01」～「CHAPTER09」というCHAPTERごとのフォルダーが表示されます。各CHAPTERで使用しているサンプルプログラムは、CHAPTERごとのフォルダー内に収録されています。

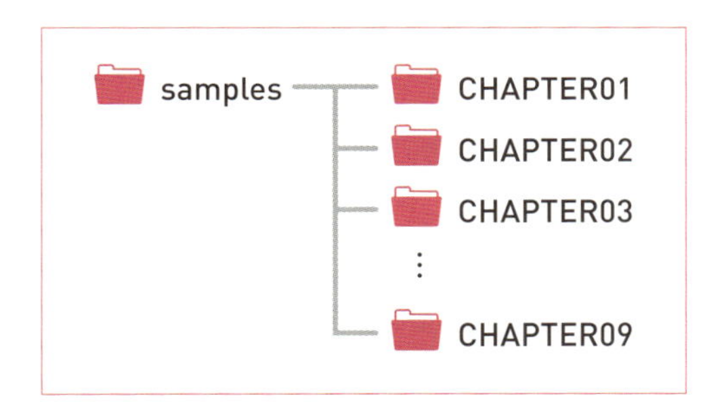

なお、本書の内容は以下の環境で動作検証を行っております。詳しくは、P.10の「本書をお読みになる前に」をご確認のうえご利用ください。

• **本書の開発環境**

OS	macOS Mojave 10.14.4
Mac	Mac Book Pro（15-inch, 2018）
Xcode	Xcode 10.2
Swift	Swift 5.0
iOS	iOS 12.2
実機	iPhone 8，X

CONTENTS

CHAPTER 3 条件で動作を変えてみよう

CONTENTS

CHAPTER 7 ゲームを作る準備をしよう

CHAPTER 8 キャラクターを表示して動かそう

CHAPTER 9 ゲームを仕上げよう

本書をお読みになる前に

- 本書に記載された内容は、情報の提供のみを目的としています。したがって、本書を用いた運用は、必ずお客様自身の責任と判断によって行ってください。これらの情報の運用の結果について、技術評論社および著者はいかなる責任も負いません。
- 本書記載の情報は、2019年4月現在のものを記載していますので、ご利用時には、変更されている場合もあります。ソフトウェアに関する記述は、特に断りのないかぎり、2019年4月現在での最新バージョンをもとにしています。ソフトウェアはバージョンアップされる場合があり、本書での説明とは機能内容や画面図などが異なってしまうこともあり得ます。本書ご購入の前に、必ずバージョン番号をご確認ください。
- 本書の内容およびサンプルダウンロードに収録されている内容は、次の環境にて動作確認を行っています。

【本書の開発環境】

OS	macOS Mojave 10.14.4
Mac	Mac Book Pro (15-inch, 2018)
Xcode	Xcode 10.2
Swift	Swift 5.0
iOS	iOS 12.2
実機	iPhone 8, X

上記以外の環境をお使いの場合、操作方法、画面図、プログラムの動作などが本書内の表記と異なる場合があります。あらかじめご了承ください。

以上の注意事項をご承諾いただいた上で、本書をご利用ください。

CHAPTER

1

Swiftを学ぶ準備をしよう

SECTION 01

プログラミングの準備をしよう

私たちの身の回りには様々なデジタル機器があふれ、ゲームを楽しんだり、ビジネスツールとして利用したりする機会も増えました。そのようなデジタル機器を、自分の作ったアプリで楽しんでみたいとは思いませんか？ここでは、プログラミングとは何なのか、プログラミング言語とは何なのか、Swiftとはいったい何なのかといった基礎知識を身につけ、学習環境を準備しましょう。

◎ プログラミングって何だろう？

コンピューターは私たちの心を読み取って、勝手に動いてくれる道具ではありません。何かの命令があってはじめて動作します。このコンピューターに対する命令を作成することをプログラミングと呼びます。

プログラミングに使用する言葉には様々なものがあり、それらをプログラミング言語と呼びます。本書で皆さんが学ぶプログラミング言語はSwift（スウィフト）というものです。Swiftは、Mac（OS X）で動作するアプリケーションや、iPhone, iPad, Apple Watch, Apple TVなど、Apple製品向けのアプリケーションを作成することができます。

本書では、前半でSwiftの基礎知識を身につけ、後半でiPhone向けのシューティングゲームを作成します。

◎ ソースコードって何だろう？

プログラミング言語を使用して作成した命令の集まりをソースコードと呼びます。単にプログラムと呼んだり、ソースやコードと呼んだりもします。ソースコードは、書いた順に（上から）実行され、場合によっては途中で違う場所に飛んで命令を実行して元の場所に戻ってくる場合もあります（図1-1）。コンピューターはあいまいな命令では動いてくれません。理解ができない命令の場合には期待通りに動かなかったり、途中で止まってしまったりする場合もあります。

図1-1 ソースコードの流れ

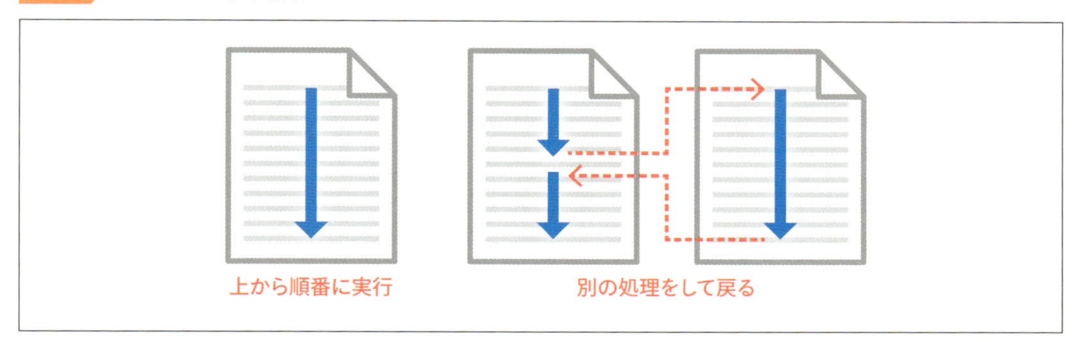

◎ 開発環境を準備しよう

Swiftを使用してプログラミングを行うには、Macと開発環境が必要です。開発環境はApp Storeで無償配布されており、インストールをして起動すれば、すぐにプログラミングをはじめることができます。

はじめにApp Storeを起動してください。

次に、左上の検索窓で「Xcode」と入力し Enter キーを押します（図1-2）。一覧から「Xcode」を見つけて［入手］ボタンをクリックします。

インストールが開始され、現在の入手状況が更新されます（図1-3左）。入手が完了すると［開く］ボタンに変わります（図1-3右）。

図1-2 Xcodeの入手

図1-3 入手状況の表示と入手完了後

SECTION 02

Xcodeに触れてみよう

Xcodeを入手したら、起動と終了の方法について覚えましょう。また、Xcodeで作成できるアプリケーションの種類について説明します。

◎ Xcodeの起動と終了の方法を覚えよう

それではXcodeを起動してみましょう。

Launchpadアイコン（図1-4）をクリックすると、図1-5のようにLaunchpadが起動します。一覧に、インストールしたXcodeがありますので、クリックして起動しましょう。

図1-4 Launchpadアイコン

図1-5 Xcodeを起動

Xcodeを起動すると図1-6の画面が表示されます。画面の左側には3つのメニューが並んでいます。「Get started with a playground」は、ちょっとしたコードを書いて動作確認をするのに使用します。Swiftの学習にも向いていますので、本書の前半で使用します。

「Create a new Xcode project」は、Apple製品の様々なデバイス向けのアプリケーションを作成する場合に使用します。後半で作成するゲームで、このメニューを使用します。

「Clone an existing project」はGitに存在するプロジェクトのクローン（コピー）を作成して開発を進めていくためのメニューです。Gitとは、ソースコードの変更履歴を追跡・管理するためのシステムです。

画面右側には、過去にXcodeを使用して作成や編集を行ったプロジェクト（ソースコードをまとめて管理している単位）の一覧が表示されます。

Xcodeを終了するにはメニューの［Xcode］→［Quit Xcode］を選択するか、キーボードでCommand＋Qを押します。

図1-6 Xcode起動時に表示される画面

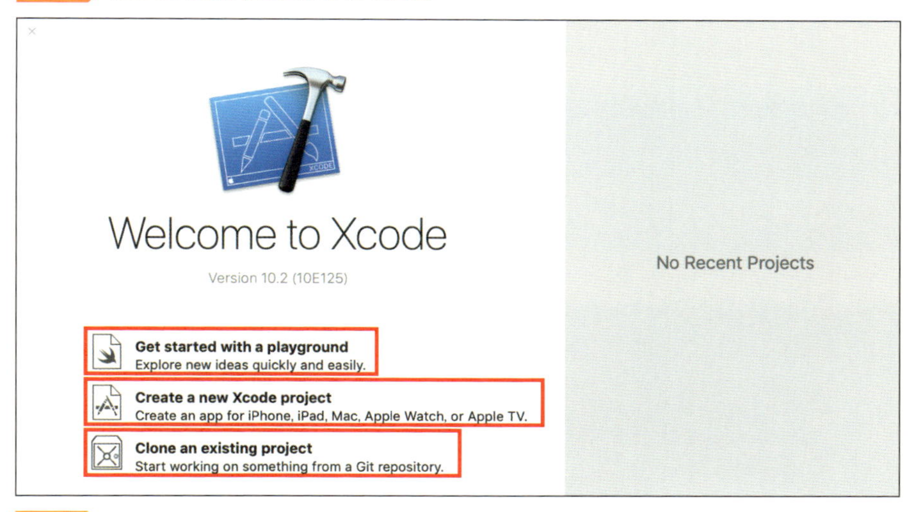

図1-7 Xcodeの終了

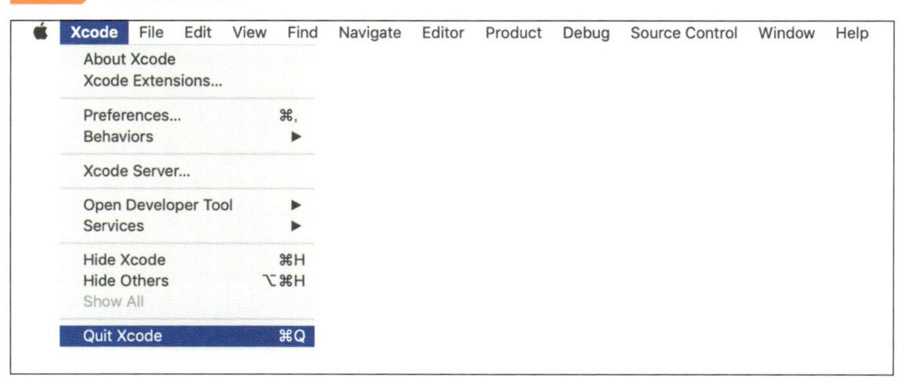

◎ Apple IDを登録しよう

Xcodeで作成したアプリケーションは実機で動かすことができます。実機で動かすにはXcodeにApple IDを紐付ける必要があります。また、App Storeで販売したい場合はApple Developer Programに加入して年間ライセンス料を支払う必要がありますが、個人で実機に入れるだけであれば無償で使用することができます。

それではApple IDをXcodeに紐付けしましょう。

Apple製品を持っている場合は、すでに持っているApple IDを使用しても構いません。開発用にApple IDを準備したい場合は新たに取得してください。

Xcodeを起動したら、メニューの[Xcode]→[Preferences]を選択します(図1-8)。

図1-8 [Preferences]を選択

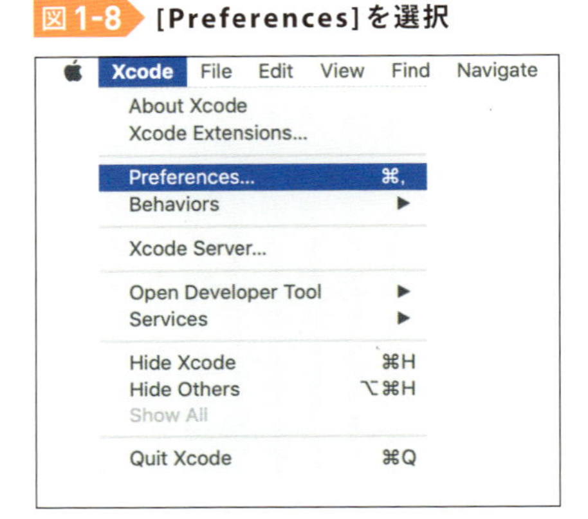

続いて、Accountsの画面が表示されます。左下の[+]ボタンをクリックして、一覧から「Apple ID」を選択して[Continue]ボタンをクリックします(図1-9)。

図1-9 Accounts画面

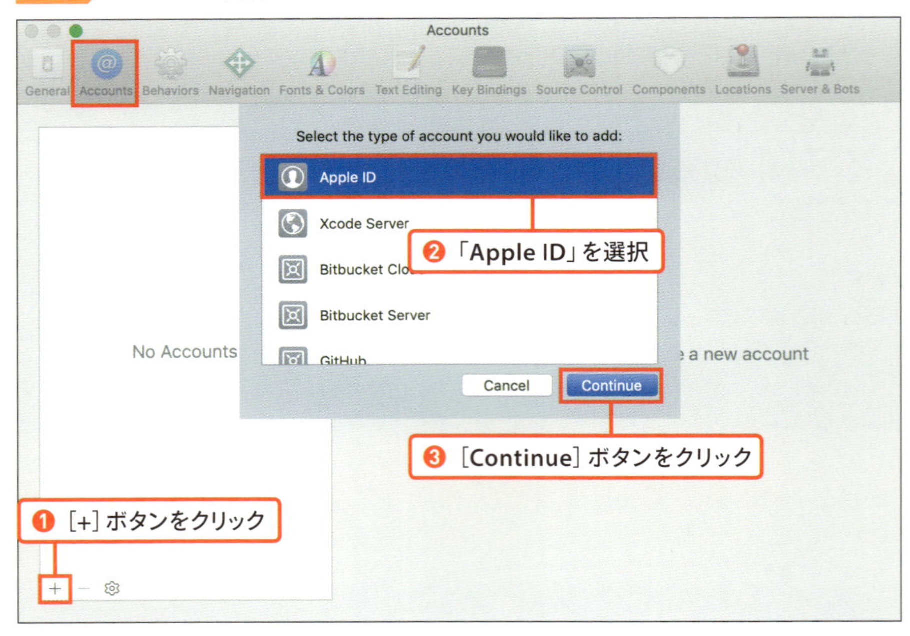

次にApple IDを入力して[Next]ボタンをクリックします(図1-10)。Apple IDがない場合は左下の[Create Apple ID]ボタンをクリックして作成をします。

図1-10 Apple IDの入力

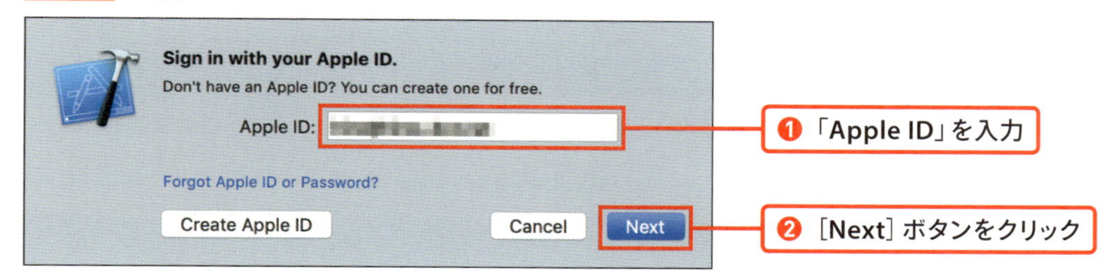

続いてApple IDに対するパスワードを入力して[Next]ボタンをクリックします(図1-11)。

一覧に、登録したApple IDが表示されていることを確認できたら、左上のXボタンを押して画面を閉じます(図1-12)。

図1-11 パスワードの入力

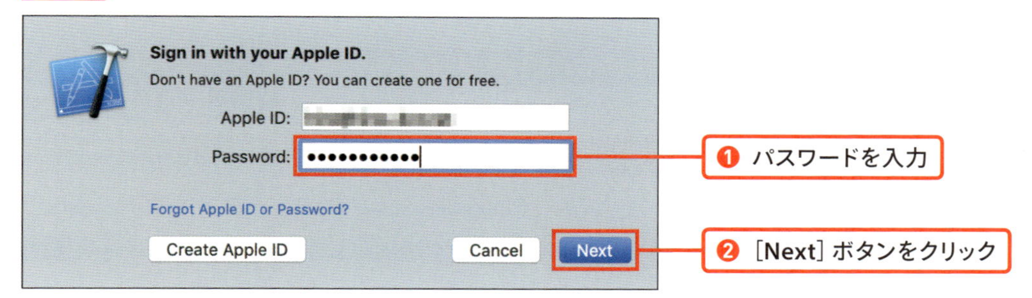

図1-12 登録されたApple IDの確認

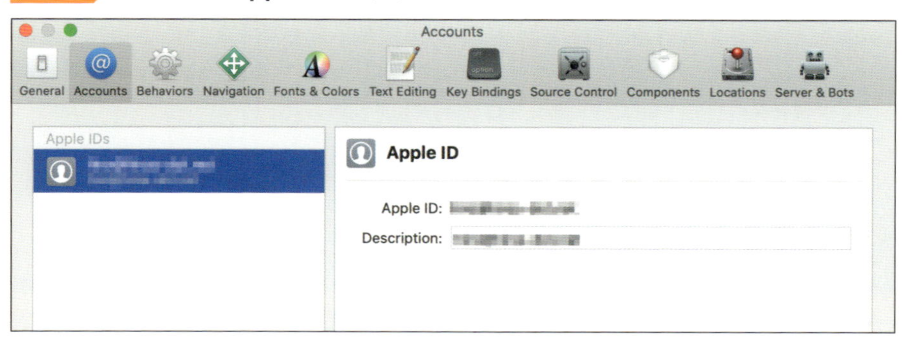

COLUMN　Xcodeの日本語化はできるの？

すでにお気づきのとおり、Xcodeはすべて英語で表記されています。AppleはXcodeの日本語環境を準備していませんので日本語化することはできず、残念ですが英語のまま使うしかありません。プログラミングが初めてで、英語も苦手という方にとっては、すごく難しく感じられるかもしれません。

しかし､心配する必要はありません。最初からすべてを覚える必要はありませんし､何度も同じメニューや項目を使用してプログラミングを行いますので自然と覚えることができるでしょう。筆者もその一人なのですから。

◎ 学習するためのファイルを作成しよう

CHAPTER 2～6まではplaygroundという環境を使用してSwiftの基本を学習します。playgroundは、アプリを作成することもできますが、主に実験的にコードを書いて確認を行う環境です。シンプルな構成ですのでSwiftを学ぶのに最適です。Xcodeを起動したら「Get started with a playground」をクリックします（図1-13）。

図1-13 Xcodeからplaygroundファイルを作成する

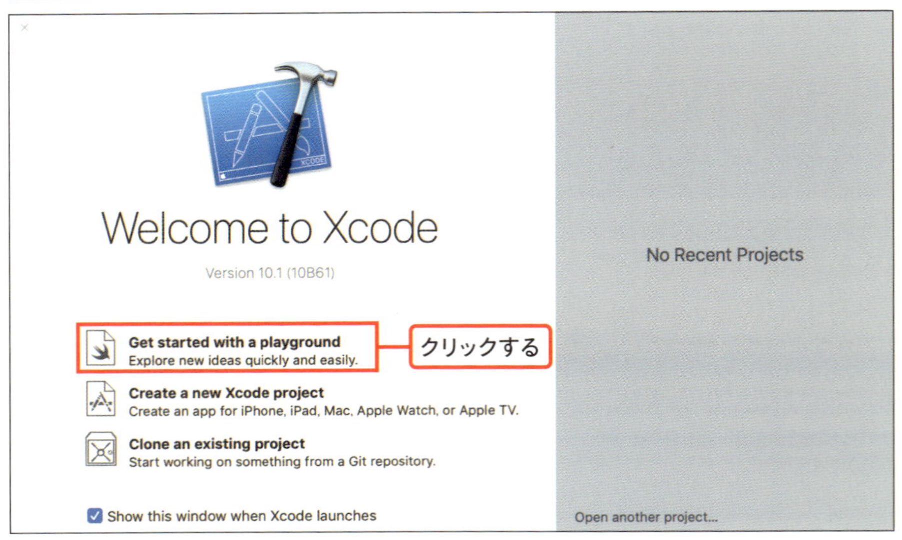

続いて「Choose a template for your new playground」という画面が表示されます（図1-14）。「Choose a template for your new playground」を日本語に訳すと「新規で作成するplaygroundファイルのテンプレートを選択してください」となります。テンプレートとは、あらかじめ基本となるコードが書かれ

ている雛形（ひながた）のことです。playgroundのテンプレートは複数あり、選択するテンプレートによって基本となるコードが変わります。「Blank」を選択すると、数行の基本コードのみのファイルが作成されます。「Game」のテンプレートを選択した場合は、ゲームに必要な基本コードが書かれたファイルが、「Single View」を選択した場合は、基本的な画面を一つ持つアプリ作成用のコードが書かれたファイルが作成されます。

学習で使用するファイルは「Blank」を使用します。テンプレート一覧で「Blank」を選択して［Next］ボタンをクリックしてください。

図1-14 テンプレート選択画面

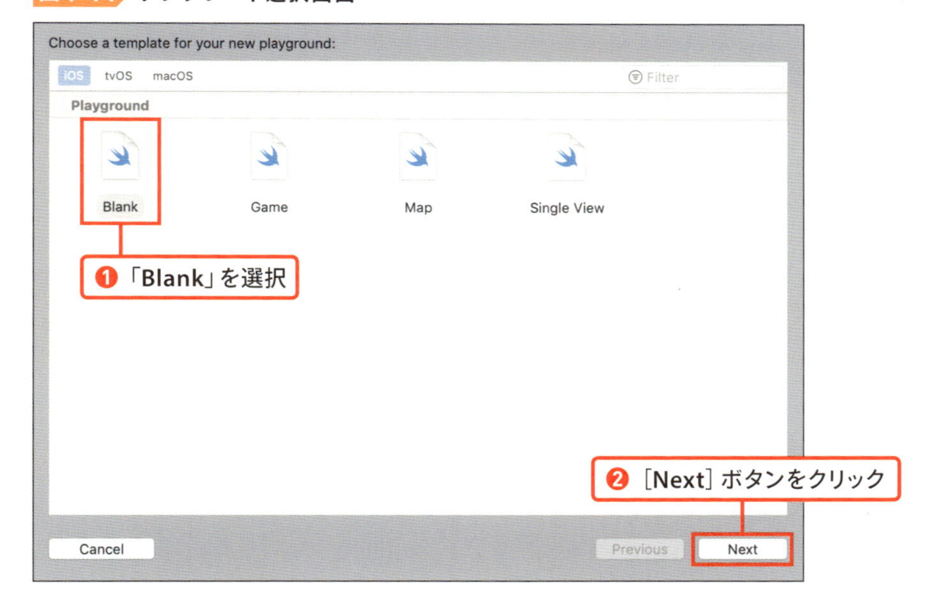

続いて、図1-15の画面が表示されます。この画面では、どこにplaygroundファイルを保存するか選択する画面です。保存先のフォルダを新規で作成したい場合は、左下の［New Folder］ボタンをクリックして作成しましょう。すでに保存先のフォルダを準備している場合には、そのフォルダを選択しましょう。

図1-15 作成するplaygroundのファイル名入力

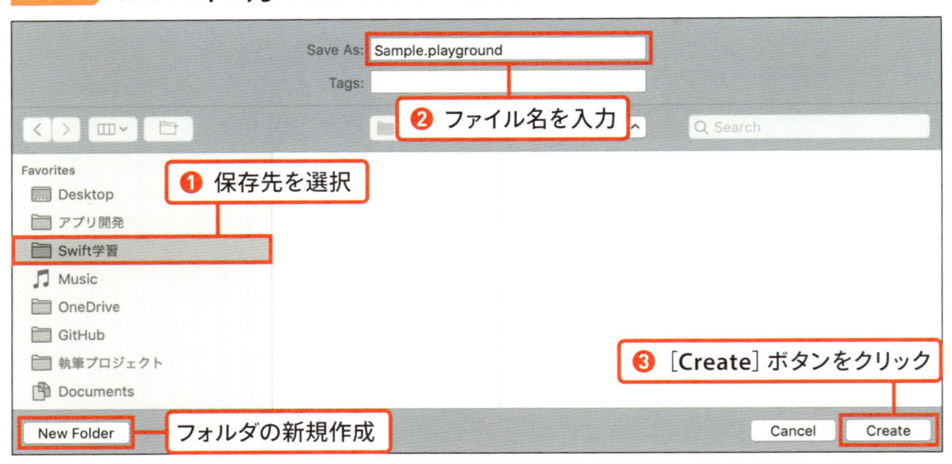

画面の一番上にある「Save As:」の入力欄は、これから作成するplaygroundの名前を入力します。ファイル名は、「名前」＋「.playground」という形式で入力をします。例えば「Sample」という名前のplaygroundファイルを作成したい場合は、「Sample.playground」とします。

ファイル名の後ろに付いている「.playground」という部分は、拡張子と呼びます。拡張子が「.playground」となっているファイルは、Mac OS上で「playgroundのファイル」として認識されるようになります。

ファイルの作成が完了すると図1-16に示すように、playground用のコードエディタが表示されます。

テンプレートで「Blank」を選択した場合は、このように必要最低限のコードのみが自動挿入されたファイルが作成されます。ここで入力されているコードは不要なので、すべて消してしまいましょう（図1-17）。

図1-16 作成されたplaygroundファイルの表示

図1-17 不要なコード削除後のエディタ画面

◎ playgroundの各部の役割を覚えよう

playground用ファイルの作成方法がわかりましたので、今度は各部の名称と役割を覚えましょう。

playgroundファイル作成直後の画面は図1-18のようになっており、機能別に画面が分割されています。

一番左上は「コードエディタ」と呼び、Swiftのコードを入力する部分です。以降本書の中では様々なサンプルコードが登場しますが、読者の皆さんはここにコードを書いてSwiftを学習して行くことになります。一番右上は「サイドバー」と呼び、コードエディタに入力したコードの途中結果が表示されます。入力されている行ごとに結果が表示されるので、どのように値が変化していくのかを確認することができます。一番下は「実行結果表示エリア」と呼びます。ここには、コードエディタで入力したすべてのコードが一連で動作したときの結果が表示されます。

図1-18 playgroundの各部の名称

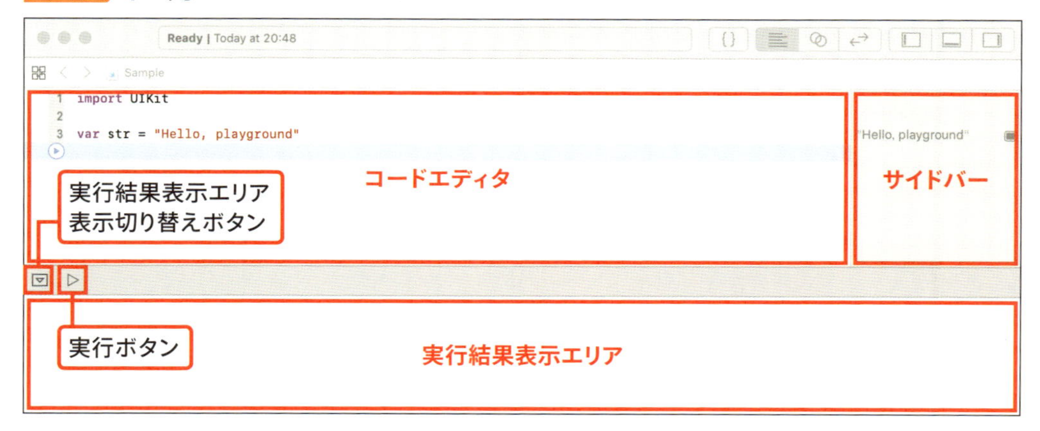

playgroundの中段には2つのボタンがあります。

左側のボタンは「実行結果表示エリア」を表示したり非表示にしたりするためのボタンです。コードエディタを広く使用したいときは、非表示にしておくと良いでしょう。このボタンアイコンが下向きの三角のときは「実行結果表示エリア」を表示している状態で、上向きの三角のときは非表示の状態を表します。

もう1つのボタンは「実行ボタン」と呼びます。コードエディタに入力したコードを実行したい場合は、このボタンをクリックします。実行ボタンをマウスで長押しすると、メニューが表示され「Automatically Run」と「Manually Run」の2つがあることを確認できます(図1-19)。「Automatically Run」にチェックが付いている場合は自動でコードの実行が行われ、「Manually Run」にチェックが付いている場合は、実行ボタンをクリックしたときにコードが実行されます。

図1-19 実行ボタンのメニュー

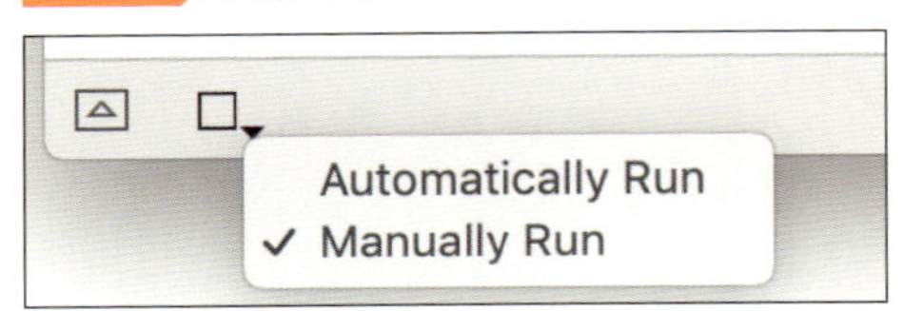

◎ playgroundファイルの閉じ方と開き方を覚えよう

❶ ファイルを閉じる

現在開いているファイルを閉じるには、メニューの[File]→[Close Window]を選択するか、playgroundの左上にある[x]ボタンをクリックします。この操作は開いているファイルを閉じるだけですので、Xcode自体が終了することはありません。また、playground環境は変更されたファイルの内容は自動で保存されますので、意識して保存をする必要はありません。意識的に保存をしたい場合は[File]→[Save]をクリックするか、Command + S キーを押します。

❷ ファイルを開く

本書を通してサンプルプログラムを作成していくと、以前に作成したファイルを開きたい場合があるでしょう。このような場合は、[File]→[Open]をクリックします。図1-20のようにファイル選択用のウィンドウが表示されますので、目的のファイルを選択して、[Open]ボタンをクリックします。これにより、ファイルを開くことができます。

最近使用したファイルから選択したい場合は、[File]→[Open Recent]をクリックします。図1-21のように、過去に使用したファイルの一覧が表示されますので、任意のファイルを選択して開きます。

図1-20 任意のファイルの選択

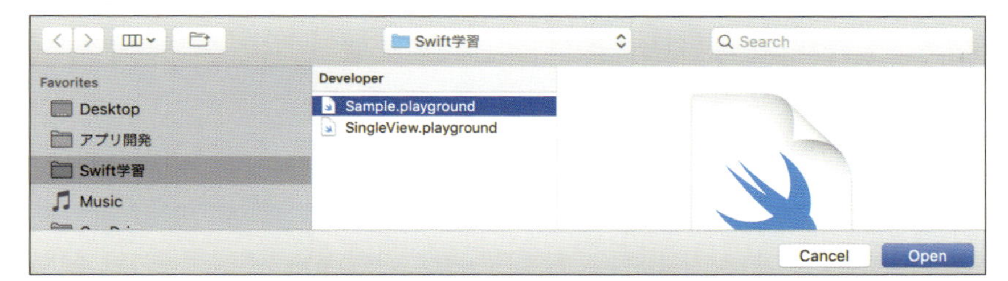

図1-21 最近使用したファイルの一覧

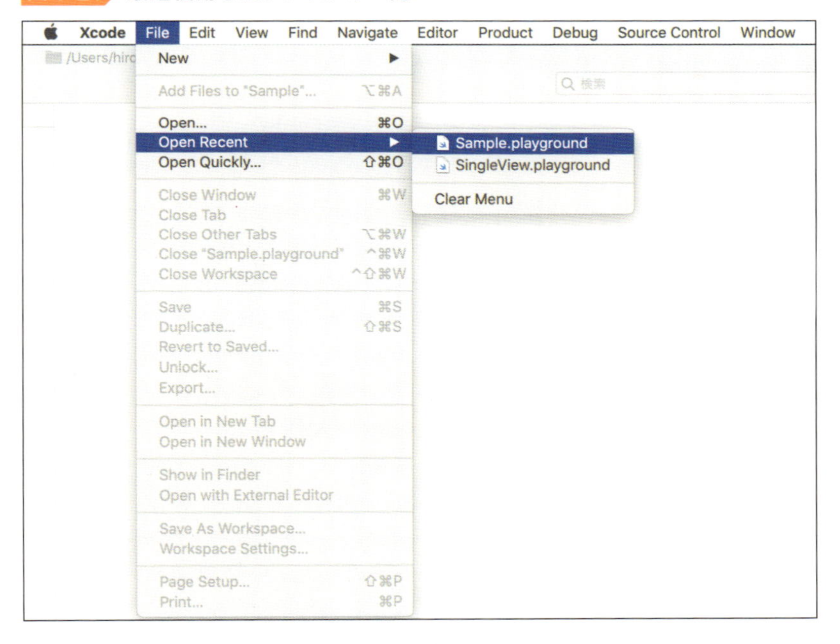

COLUMN

SwiftをiPadで学習しよう

iPadではアプリケーションを作成することはできませんが、Swiftを無料で学習することができます。アプリ名は「Swift Playgrounds」です。残念ながらiPhoneには配信されていませんがiPadをお持ちであれば、App Storeで検索をしてインストールしてみましょう。

Swift Playgroundsでは、Swiftの基本や、拡張現実について学習したり、海戦ゲームを作成したりと、様々なコンテンツがあります。コンテンツは無償で提供されていますので、本書とあわせて是非トライしてみてください。

以下は、Swiftの基本を学習するコンテンツの1つです。目標が示されており、コードの入力は候補から選択できるようになっています。コード入力が完了して実行をすると、アニメーションが動き出しますので、楽しみながら学習をすることができます。

図1-A Swift Playgrounds

CHAPTER

2

Swiftの基本を学ぼう

SECTION 01

文字や数字を表示してみよう

アプリケーションの作成において、文字や数字を表示することはもっとも基本的な操作です。ここからは実際にplaygroundを使用して簡単なプログラムを作成する方法を学んで行きます。はじめに、画面に文字や数字を表示する方法について学習しましょう

◎ 文字を表示するプログラムを作成しよう

それでは、文字を表示するプログラムを作成してみましょう。プログラミングの世界では、どの言語も「Hello World!」を表示してみるという慣習があります。本書ではSwiftを学びますので、「Hello Swift!!」という文字を表示してみましょう。

新規で「リスト2-1.playgroung」というファイルを作成してください。

作成したファイルに書かれているコードをすべて消して、リスト2-1のように入力してください。「print」は、「()の中に書かれている値を画面に表示せよ」というSwiftの命令です。文字を表示したい場合は、半角のダブルクォーテーション記号(")で括(くく)って記述します。

リスト2-1 「Hello Swift!!」を表示するコード

```
001: print("Hello Swift")
```

playgroundの画面は図2-1のようになります。コードエディタにコードを入力して実行する、下には実行結果が表示されます。

サイドバーも見てみましょう。「print("Hello Swift")」の右側には、この行の実行結果である「Hello Swift\n 」が表示されています。「\n」は改行コードと呼びます。「\n」は改行することを表す特殊な文字を表しています。これにより、次にprint命令を実行したときは「Hello Swift」の次の行に表示されることになります。

図2-1 文字を表示する命令の実行

◎ 数字を表示するプログラムを作成しよう

今度は数字を表示してみましょう。数字を表示する場合もprint命令を使用します。

プログラミングの世界では、数字とは呼ばずに数値と呼びますので覚えておきましょう。以降本書の中では数値と記載します。

それでは数値を表示するコードを書いてみましょう。ここでは「2020」という値を表示します。playgroundのコードエディタにリスト2-2を入力してください。

リスト2-2 数値を表示するコードの例

```
001:  print(2020)
```

コードを入力したplaygroundの画面は図2-2のようになります。文字のときと同様に、実行結果には数値が表示されます。

図2-2 数値を表示する命令の実行

◎ 入力したコードに誤りがある場合は?

入力したコードに誤りがある場合はどうなるのでしょうか？

たとえば、先ほどのprint命令を「prin」のように間違えた場合は、図2-3のように誤りのある行にエラーメッセージが表示されます。実行をする前にエラーメッセージが表示されますので、このような場合はメッセージを参考にして修正をしましょう。

図2-3 コードに誤りがある例

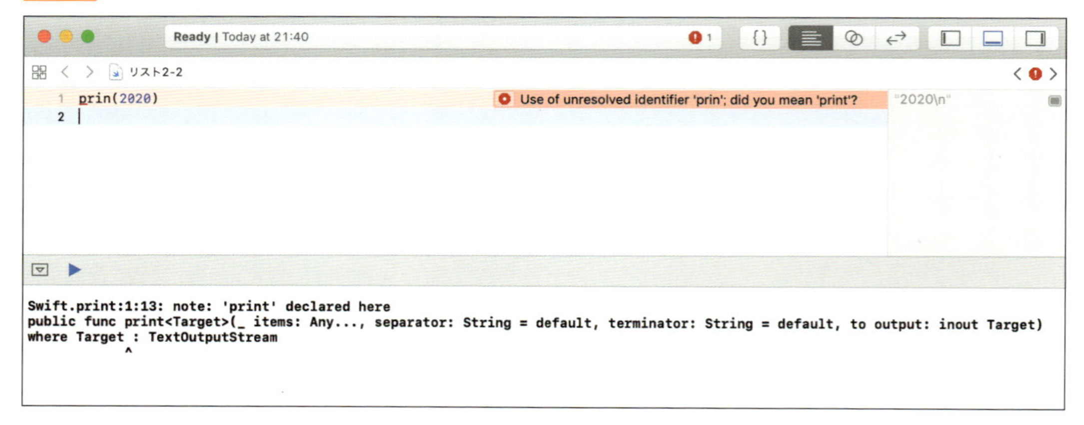

値を箱にしまってみよう

文字や数値といった値は、多くの場合は専用の箱にしまっておいて、必要なときに取り出して使用します。ここでは、値を箱に入れる方法と取り出す方法について学習していきます。

◎ 値を入れる箱とは？

値を入れるための箱をプログラミングの世界では変数と呼びます。また、変数に値（文字や数値など）を入れることを代入と呼びます（図2-4）。プログラム中で取り扱う値は1つとは限らず、複数の値を取り扱う場合もあります。変数（箱）は好きなだけ使用することができるのですが、区別できるように名前を付けるというルールがあります。変数に付ける名前を変数名と呼びます。

「変数」と言われたら「箱」を、「代入」と言われたら値を箱にしまうことをイメージしましょう。以降本書では、変数、代入と呼ぶこととします。

図2-4 変数と代入

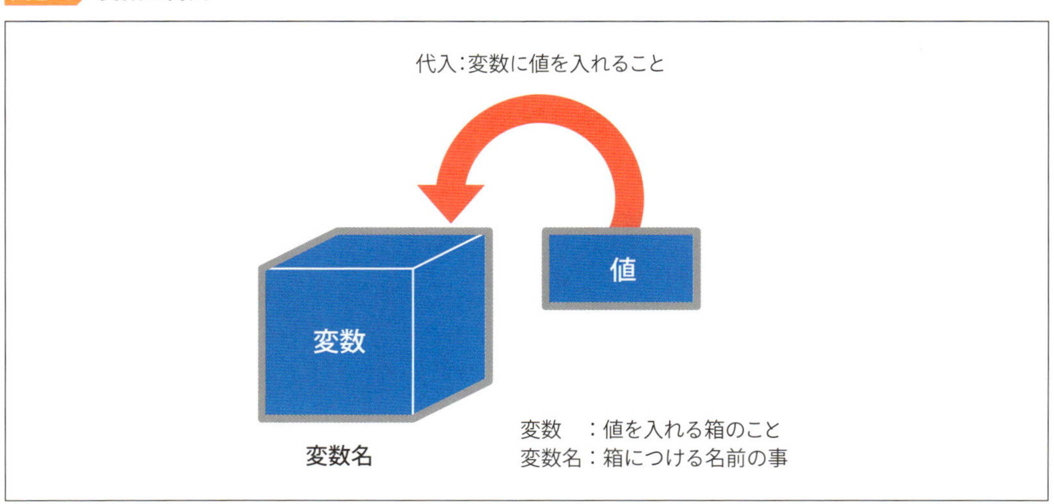

◎ 値を変数に代入してみよう

値を代入するには変数が必要です。変数を使用するには「これから○○という変数を使いますよ」とコンピュータに伝えてあげる必要があります。このことを変数の宣言と呼びます。

変数を宣言するにはvarというキーワードの後に「変数名 = 値」という形式で記述をします。「=」記号は右辺の値を左辺の変数に代入することを表します。

▶ 変数の宣言

書式 **var 変数名 = 値**

概要	これから使用する変数の宣言と、最初に入れる値を指定する
パラメータ	変数名　値を入れる変数の名前

◎ 変数に値を代入してみよう

それでは変数に値を代入するコードを書いてみましょう。

リスト2-3は変数に文字や数値を代入する例です。1行目はmojiという名前の変数に「Hello Swift!!」という文字列を、2行目はsujiという名前の変数に「1972」という数値を代入しています。

リスト2-3 変数に値を代入する例

```
001: var moji = "Hello, Swift!!"
002: var suji = 1972
```

COLUMN　文字と文字列

プログラミングの世界では「文字」と「文字列」は区別をして表現するのが一般的です。文字と言った場合は1文字を指し、文字列と言った場合には0文字以上の文字が連なった値を指します。厳密には文字と文字列は代入する変数の種類が異なります（詳細は「**03　データの種類を覚えよう**」で説明します）。「文字列」を入れることができる変数は、0文字でもそれ以上の文字でも代入することができますが、「文字」を代入できる変数は1文字だけ代入することができます。リスト2-3の「Hello, Swift!!」は複数の文字が連なっているので「文字列」をmojiに代入していることになります。

◎ 変数の値を使ってみよう

変数に値を代入する方法がわかりましたので、今度は変数から値を取り出して使ってみましょう。

リスト2-4は、変数mojiとsujiに入っている値を使用する例です。

1行目は変数mojiに「Hello, Swift!!」を代入し、2行目は変数sujiに「1972」を代入しています。

4行目は変数mojiに代入されている値を表示し、5行目は変数sujiに代入されている値を表示します。また、7行目のように「+」という記号を使用して、足し算（計算）を行うこともできます。

print命令の()の中に値を書くとそのまま値が表示されますが、変数を書くと変数に入っている値が表示されるということを覚えておきましょう。

リスト2-4 変数の値を表示する例

```
001: var moji = "Hello, Swift!!"
002: var suji = 1972
003:
004: print(moji) // 「Hello, Swift!!」を表示
005: print(suji) // 「1972」を表示
006:
007: var ans = suji + 28 // 1972 + 28を計算する
008: print(ans)    // 2000を表示する
```

◎ 変数の値を書き換えてみよう

変数には宣言したときに代入した値が入っていますが（宣言と同時に値を入れることを初期化と呼びます）、この値は後から書き換えることができます。

変数の値を書き換えるには、新しい値を代入しなおすだけです。このとき注意しなければいけないのは、新たに代入する値は、宣言時に代入した値と同じ種類の値にするという点です。例えば、宣言時に文字列で初期化した変数には、新たな値を代入する際も文字列を代入する必要があります。種類が異なるデータを入れた場合にはエラーになりますので注意してください。

リスト2-5に変数の値を書き換える例を示します。

1行目は変数mojiに「Hello, Swift!!」を代入していますので、書き換える際は文字列を代入する必要があります。4行目で変数mojiに「Swift is fun!!」を代入していますので正しく書き換えが行われます。

2行目は変数sujiに「1972」という整数を代入していますので、書き換える際は整数を代入する必要があります。5行目で変数sujiに「123」を代入していますので、こちらも正しく書き換えが行われます。

7行目と8行目は書き換え後の値を表示します。よって「Swift is fun!!」と「123」が表示されます。

正しく動作することが確認できたら、4行目のmojiに「123」を、5行目のsujiに「Swift is fun!!」を代入するように変更してみましょう。それぞれエラーになることを確認してください。

リスト 2-5 変数の値を書き換える例

```
001: var moji = "Hello, Swift!!"
002: var suji = 1972
003:
004: moji = "Swift is fun!!"
005: suji = 123
006:
007: print(moji) //「Swift is fun!!」を表示
008: print(suji) //「123」を表示
```


◎ 定数を使ってみよう

varで宣言した変数の値は、後から別の値に書き換えることができます。しかし、一度入れた値が書き換えられたては困る場合もあります。

例えば、円周率を取り扱うプログラムを作成するとしましょう。

円の面積を計算する場合は、

円の面積 = 半径 × 半径 × 円周率

という計算式を使用しますので、円周率を表す変数に3.14159という値を代入しておけば、毎回計算式に「3.14159」と書く必要はありませんし、使い回しも可能になります。しかし、変数の値は書き換えることができるので、誤って書き換えてしまうと正しい計算をできなくなります。

varで宣言した変数は書き換えが可能ですが、letというキーワードを使用して宣言すると書き換えができない変数になります。この書き換えができない変数のことを定数と呼びます。

◎ 定数を宣言してみよう

定数を宣言する書式を以下に示します。

▶ 定数の宣言

書式 **let 定数名 = 値**

概要	これから使用する定数の名前と定数に入れる値を宣言する
パラメータ	**定数名** 不変の値を入れる変数の名前

それでは定数を宣言するプログラムを書いてみましょう。リスト2-6はPIという定数に3.14159という値を代入して、半径が5の面積を計算しています。計算に使用する記号については「**04 計算をしてみよう**」でくわしく説明します。「*」は掛け算に使用する記号です。

定数なので、6行目のように書き換えようとするとエラーになってしまうので注意してください。

リスト2-6 定数の宣言

```
001: let PI = 3.14159
002: let menseki = 5 * 5 * PI
003:
004: print(menseki)  // 計算で求めた面積を表示
005:
006: PI = 1.234  // 定数は書き換えることができないのでエラーになる
```

SECTION

03 データの種類を覚えよう

プログラムの中で変数を使う場合は、その変数に入っている値が文字なのか数字なのかといった種類を意識することが大事です。Swiftも含め、多くのプログラミング言語は変数の値がどのような種類なのかを区別する仕組みを持っています。ここではSwiftがどのように値の種類を区別するかを学習しましょう。

◎ 変数の種類

通常、変数は「整数だけを入れられるもの」、「文字だけを入れられるもの」の様に、入れることができるデータの種類が決まっています。このデータの種類のことをデータ型と呼びます。

冒頭でも述べたように、変数に入っている値が数値なのか文字列なのかといったことを意識することは重要です。では、なぜデータの種類(データ型)を意識することが必要なのでしょうか。

例として変数sujiXに3が、sujiYに5が代入されているとしましょう。sujiXとsujiYを足すと8になりますよね。それでは、sujiYを「あいうえお」に変更するとどうなるでしょうか？「3+あいうえお」は計算することができませんのでエラーになってしまいます(playgroundは、このような書き方をしたコードは実行前にエラーがあることを教えてくれるようになっています)。

このように、変数は計算を目的として準備したものなのか、画面に表示する文字を入れるために準備したのかで使用方法は変わります。間違った値が入れられた場合は、正しく動作させることができませんので、データ型を意識することは重要なのです。

ここで『あれ？変数の宣言は「var 変数名 = 値」だからデータ型を意識してないのでは？』と思われた方もいるのではないでしょうか。Swiftは変数を宣言する際に、代入したデータから「どんな種類のデータなのか」を自動的に判断しています。このように自動的にデータ型を決める方法を型推論と呼びます。型推論の変数を書き換える場合は、最初のデータと同じ種類のデータしか代入できないようになっています。変数の宣言は、以下のようにデータ型を指定する方法も備わっています。

▶ 変数の宣言（データ型指定）

書式 **var 変数名：データ型 = 値**

概要 これから使用する変数の宣言と、最初に入れる値を指定する

パラメータ
変数名 値を入れる変数の名前
データ型 変数に代入することができる値の種類

書式中の「データ型」は、代入したい値ごとにキーワードが決められています。次に基本的なデータ型について学習していきましょう。

◎ 整数を扱うデータ型

整数を扱うデータ型には表2-1のようなものがあります。データ型によって代入できる値の範囲は異なりますので、必要に応じて使い分けるようにします。型推論を使用した場合は、自動的にInt型になります。

表2-1 整数を取り扱うデータ型

データ型	代入できる値の範囲
Int8	-128～127
Int16	-32768～32767
Int32	-2147483648～2147483647
Int64	-9223372036854775808～9223372036854775807
Int	32bit環境ではInt32と同じ。64bit環境ではInt64と同じ

Int16を使用して変数を宣言する例をリスト2-7に示します。Int16は-32768～32767の間の数値を代入することができるので1行目は正しく実行されます。2行目はInt16の範囲外である32768を代入していますので、エラーになってしまいます。また3行目は3.14という値を代入していますが、Int16は整数を扱うデータ型なのでエラーになります。

リスト2-7 Int16による変数の宣言

```
001:  var x: Int16 = 7
002:  var y: Int16 = 32768    // Int16の範囲を超えるのでエラーとなる
003:  var z: Int16 = 3.14     // 小数は扱うことができないのでエラーとなる
```

◎ 小数を取り扱うデータ型

小数を代入できるデータ型には表2-2に示すものがあります。

表2-2 小数を取り扱うデータ型

データ型	代入できる値の範囲
Float	32bit浮動小数点
Double	64bit浮動小数点

FloatもDoubleも小数を代入することができるデータ型です。Doubleの方がFloatよりも広い範囲の値を使用することができます。Floatはおよそ10の38乗の正負の値を、Doubleはおよそ10の308乗の正負の値まで表すことができます。

リスト2-8の1行目はDouble型、2行目はFloat型で宣言をして小数を代入しています。3行目と4行目は「10」という値を型推論で代入していますが、小数点があるかないかでデータ型が異なります。3行目は小数点がないのでInt型になり、4行目は小数点があるのでDouble型になります。小数を型推論で代入した場合はDouble型になりますので覚えておきましょう。また、Float型変数にしたい場合は2行目のようにデータ型を指定してください。

リスト2-8 DoubleとFloatによる変数の宣言

```
001: var x: Double = 3.14
002: var y: Float = 1.08
003: var n1 = 10      // 型推論によりInt型になる
004: var n2 = 10.0    // 型推論によりDouble型になる
```

◎ 文字を扱うデータ型

文字を扱うデータ型は、表2-3に示すものがあります。

表2-3 文字を取り扱うデータ型

データ型	代入できる値の範囲
String	0文字以上
Character	1文字のみ

Stringは0文字以上を代入することができ、Characterは1文字だけ代入することができます。

StringやCharacterを使用して変数を宣言する例をリスト2-9に示します。

1行目はString型なので0文字以上を代入することができます。2行目はCharacter型なので1文字のみ代入することができます。

3行目はCharacter型なので「abc」は代入することができずエラーになります。

4行目のように型推論を使用した場合は、String型になります。Character型にしたい場合は2行目のようデータ型を指定してください。

リスト 2-9 StringとCharacterによる変数の宣言

```
001:  var x: String = "あいうえお"
002:  var y: Character = "あ"
003:  var z: Character = "abc"    // Charcterは1文字しか代入できないのでエラーになる
004:  var n = "あ"                 // 型推論を使用した場合はString型になる
```


◎ 2つの値のみ取り扱うデータ型

これまで、整数を扱う型、小数を扱うデータ型、文字を扱うデータ型について見てきました。このほかに表2-3に示す通りBoolというデータ型があります。

表 2-3 2つの値を取り扱うデータ型

データ型	代入できる値
Bool	trueまたはfalse

Bool型にはtrueかfalseという値を代入することができます。trueは日本語では「真」、falseは「偽」を意味します。詳しくは**CHAPTER 3**で説明をしますが、trueやfalseは値と値を比較して、判定結果が成り立っているかどうかを判断する際に使用します。

リスト2-10にBool型の変数を宣言する例を示します。

1行目は変数xにtrue（真）の値を代入し、2行目は変数yにfalse（偽）を代入しています。

リスト 2-10 Boolによる変数の宣言

```
001:  var x: Bool = true
002:  var y: Bool = false
```

◎ 型推論で宣言した変数のデータ型

データ型を指定して変数を宣言できることがわかりました。しかしSwiftでは一般的にはデータ型を指定せずに、型推論による変数宣言をするのが一般的です（もちろん、明確にデータ型を指定して宣言しても構いません）。型推論で宣言した変数のデータ型が何であるかを調べたい場合は以下の書式を使用します。

▶ 型推論による変数宣言

書式 **type(of : 変数名)**

概要	指定した変数のデータ型を文字列で取得する
パラメータ	**変数名**　データ型を調べたい変数

リスト2-11に型推論によって宣言した変数のデータ型を調べる例を示します。

実行すると、変数xはInt型、変数yはDouble型、変数zはString型であることがわかります。

リスト2-11 型推論で宣言された変数のデータ型を調べる例

```
001:  var x = 5
002:  var y = 3.14
003:  var z = "A"
004:
005:  print(type(of: x))
006:  print(type(of: y))
007:  print(type(of: z))
```

◎ 何もない状態を扱ってみよう

定数や変数は値を入れずに使うことはできません。しかし、場合によっては「何もない」という状態を使用したい場合があります。この「何もない」という状態はSwiftではnil（ニル）と呼びます。変数や定数はそのままではnilを代入することができません。nilを使用したい場合は、これまでに学習したデータ型の後ろに？を付けたオプショナル型というデータ型を使用する必要があります。

▶ オプショナル型の変数宣言

書式 var 変数名：データ型? = 値

概要 nilを代入できる変数を宣言する

パラメータ 変数名　値を入れる変数名

リスト2-12にオプショナル型の使用例を示します。

リスト 2-12 オプショナル型の使用例

```
001: var suji: Int? = nil
002: var moji: String? = nil
003:
004: suji = 3
005: moji = "データ"
006:
007: print(suji)  // 3
008: print(moji)  // データ
```

1行目はIntのオプショナル型、2行目はStringのオプショナル型でそれぞれnilを代入しています。

オプショナル型は、4行目や5行目のように通常の値も代入することができます。よって「Int?」であればInt型の値とnilを、「String?」であればString型の値とnilを代入することができます。

7行目と8行目はオプショナル型変数の値を表示しています。

オプショナル型変数をprint命令で表示した場合は図2-5のように「optional（値）」となり、通常の変数や定数とは異なることがわかります。

図 2-5 オプショナル型の表示結果

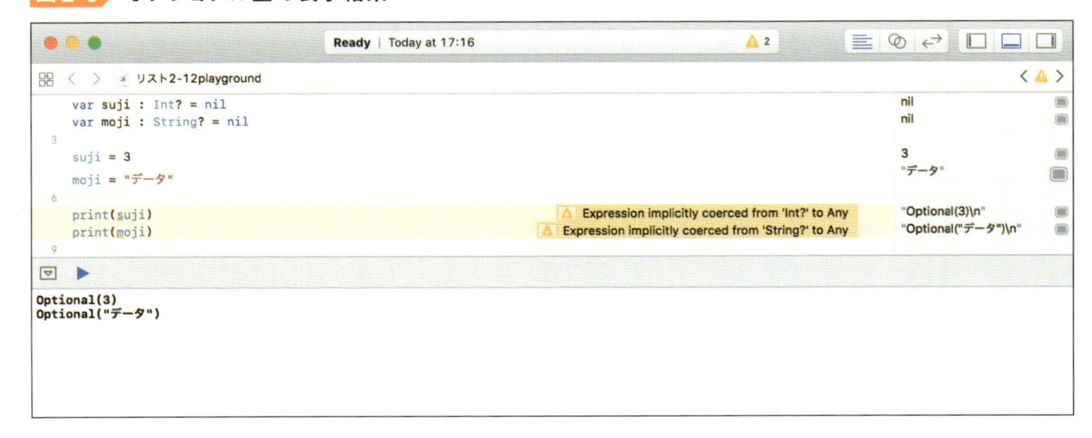

オプショナル型の値は、そのままでは通常の定数や変数と組み合わせて使用することができません。例えば、通常の変数の値「2」とオプショナル型変数の値「3」の足し算はすることができません。これは、オプショナル型変数にはnilが入っている可能性があるためです(図2-6)。

図2-6 オプショナル型変数を使用した足し算

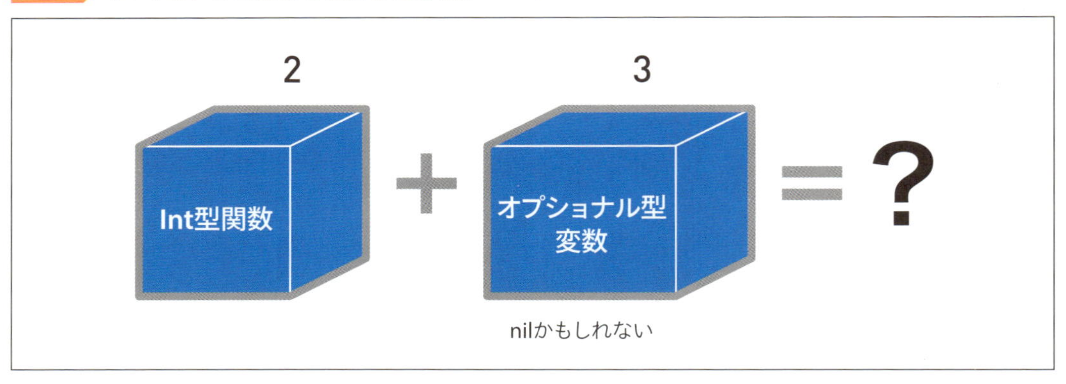

オプショナル型変数にnilが入っていないことがわかっている場合は、アンラップ(Unwrap)という処理をして使用することができます。アンラップをするとオプショナル型ではない、通常の変数として扱われます。アンラップをするにはオプショナル型変数の後ろに「!」を付けます。

リスト2-13にアンラップの例を示します。

リスト2-13 アンラップの例

```
001: var num1 = 2
002: var num2: Int? = nil
003:
004: num2 = 3
005: print(num1 + num2!)
```

1行目はInt型の変数num1を宣言し、2を代入しています。

2行目はIntのオプショナル型変数num2を宣言し、nilを代入しています。

4行目はnum2に「3」を代入しています。num2はオプショナル型の「3」という値になります。

5行目はnum2に「!」を付けてアンラップし、通常のInt型として扱われるようにしてから足し算をしています。これにより「2 + 3」という計算が行われ、「5」が表示されます。

計算をしてみよう

ゲームのスコア計算や給与の計算など、アプリケーションを作成する上で「計算」は様々な場面で必要になります。ここでは、基本的な計算方法について学習していきます。

◎ 四則演算をする記号を覚えよう

四則演算とは、足し算や引き算、かけ算や割り算のことです。演算とは計算をすることを意味し、4つの演算を総称して四則演算と呼びます。

私たちが計算をする場合は、足し算は「＋」、引き算は「－」、かけ算は「×」、割り算は「÷」の記号を使用します。

それではSwiftで四則演算を行うには、どのようにしたらよいでしょうか。

Swiftも私たちと同じように、記号を使って計算をします。ただし。私たちが普段使用している記号とは異なり専用の記号を使用します。一般的に、プログラミングで使用する計算記号のことを演算子と呼びます。

表2-4に、Swiftで計算をするときに使用する演算子を示します。これらの演算子は総称して算術演算子と呼びます。

表2-4 算術演算子

演算子	人が使う記号	説明
+	+	足し算を行います
-	-	引き算を行います
*	×	かけ算を行います
/	÷	割り算をして商を求めます
%	÷	割り算をして余りを求めます

足し算や引き算は、人が使用する「+」「-」の記号を使用しますが、かけ算の記号は「*(アスタリスク)」を使用します。また、割り算には、商を求める「/(スラッシュ)」、余りを求める「%(パーセント)」の2種類があります。

どの演算子も半角で表しますので、入力する際は注意しましょう。

それでは算術演算子を使用して計算をする例を見てみましょう(リスト2-14)。

リスト2-14 算術演算子を使用した計算の例

```
001: let ans1 = 1 + 2
002: let ans2 = 2 - 3
003: let ans3 = 4 * 2
004: let ans4 = 7 / 3
005: let ans5 = 7 % 3
006:
007: print(ans1)
008: print(ans2)
009: print(ans3)
010: print(ans4)
011: print(ans5)
```

1〜5行目で、それぞれの演算子を使用して計算をし、計算結果を変数に代入しています。

7〜11行目で計算結果を表示しています。ans1は3、ans2は-1、ans3は8、ans4は2、ans5は1となります。

リスト2-14は変数ans1〜ans5に計算結果を代入しましたが、リスト2-15のようにprint命令のカッコの中に直接計算式を書くこともできます。

リスト2-15 print命令に直接計算式を書く例

```
001: print(1 + 2)
002: print(2 - 3)
003: print(4 * 2)
004: print(7 / 3)
005: print(7 % 3)
```

◎ 演算子使用時の注意事項

Swiftでは、演算子の前後に半角のスペースを入れることができますが、演算子の左または右のどちらかだけにスペースを入れるような書き方は許されていません。

スペースを入れる場合は、演算子の前後両方に入れるか、スペースを入れないかに統一して書く必要があります。このルールを無視して書いた場合は「'+' is not a postfix unary operator」の様なエラーが表示されるので注意しましょう。

演算子を使用する際の書き方例をリスト2-16に示します。

1行目は「+」演算子の前後にスペースを入れているので正しく動作します。

2行目は演算子の前後ともにスペースがないので正しく動作します。「=」の前後もスペースを入れてはいけないので注意してください。

3行目は「5」と「+」の間にスペースがなく、「+」と「1」の間にはスペースがあります。この場合はエラーになります。

リスト 2-16 演算子を使用する際の書き方

```
001: let ans1 = 5 + 1
002: let ans2=5+1
003: let ans3 = 5+ 1  // この行はエラーになります
```


◎ 複数の演算子を使ってみよう

これまでの例は、1つの演算子のみを使用して計算をしてきましたが、複数の演算子を使用して計算をすることもできます。

複数の演算子を組み合わせた場合は、かけ算、割り算をはじめに計算し、次に左から順に計算を行います。

リスト2-17に例を示します。

リスト 2-17 複数の演算子を組み合わせて計算する例

```
001: print(1 + 2 + 3)
002: print(3 + 2 - 1)
003: print(2 * 3 - 1)
004: print(1 + 2 * 3)
```

1行目は「1 + 2 + 3」を左から順に計算して「6」が表示されます。

2行目は「3 + 2 - 1」を左から順に計算して「4」が表示されます。

3行目は「2 * 3 - 1」の「2 * 3」をはじめに計算するので「6 - 1」となり、「5」が表示されます。

4行目は「1 + 2 * 3」の「2 * 3」をはじめに計算するので「1 + 6」となり、「7」が表示されます。

◎ 計算の順序を変えてみよう

Swiftが計算をする際は、かけ算と割り算を先に計算し、次に左から順番に計算していくことがわかりました。しかし、いつもこの順番で計算したいとは限りません。

例えば、「2＋7×5＋1」を計算したいとしましょう。Swiftに計算をさせると、最初にかけ算の「7×5」を計算するので、「2＋35＋1」となり、計算結果は「38」になります（図2-7）。

図2-7 複数演算子での計算順序

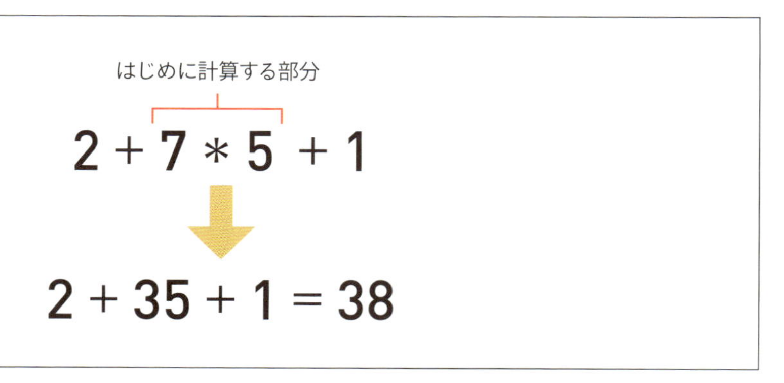

それでは「2＋7」の部分をはじめに計算したい場合はどうしたらよいでしょうか。

答えはかんたんで、私たちが計算するのと同様に、はじめに計算したい部分をカッコの中に書きます（図2-8）。

図2-8 カッコを使用して計算順序を変える例1

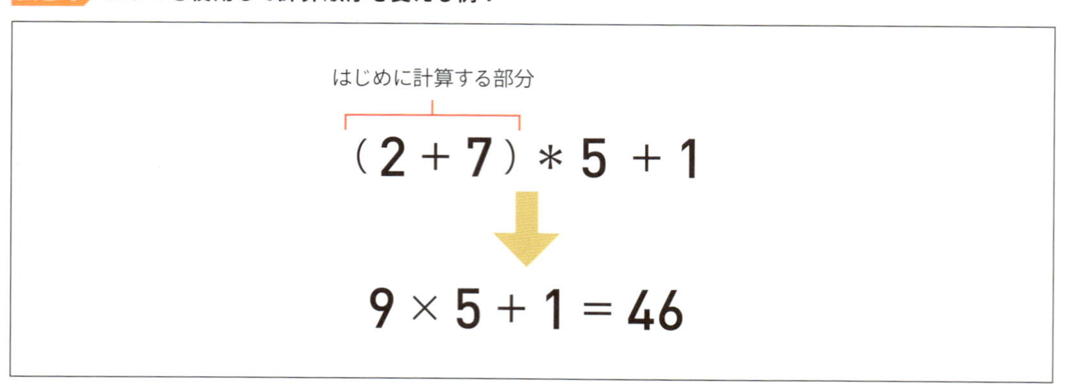

また、「2＋7」と「5＋1」を最初に計算し、最後にかけ算をしたい場合は図2-9のようにカッコを使用します。

図2-9 カッコを使用して計算順序を変える例2

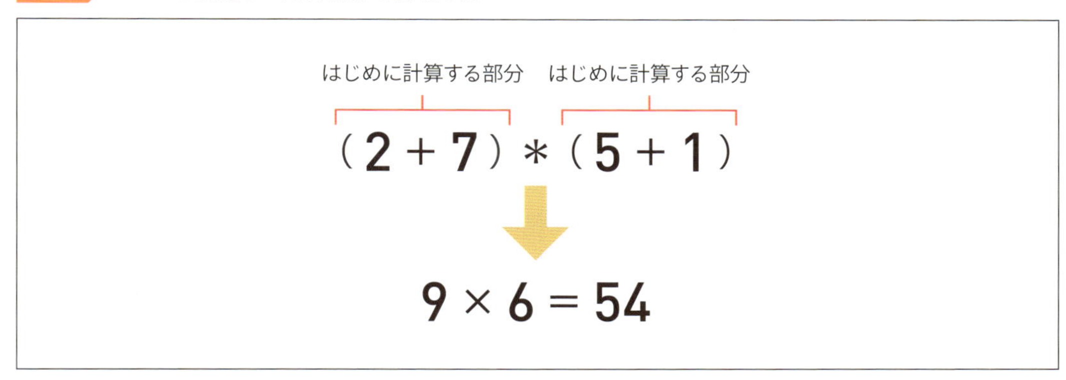

最後に実際のコード例をリスト2-18に示します。実際に入力をして、カッコが付くことで計算結果が異なることを確認しましょう。

リスト2-18 カッコを使用して計算順序を変える例

```
001: let ans1 = 2 + 7 * 5 + 1
002: let ans2 = (2 + 7) * 5 + 1
003: let ans3 = (2 + 7) * (5 + 1)
004:
005: print(ans1)  // 38
006: print(ans2)  // 46
007: print(ans3)  // 54
```

プログラムに説明をつけてみよう

プログラミング言語は、私たちが普段使っている言葉とは異なります。このため、長いプログラムの場合は、自分がどのような目的で書いたのかわからなくなってしまう場合もあります。このような場合に備えて、プログラム中に説明を書く方法について学習していきます。

◎ 1行の説明を付けてみよう

プログラム中に書く説明のことをコメントと呼びます。コメントの書き方は2種類あるのですが、ここでは1行コメントを書く方法を学習します。

1行コメントとは、文字通り1行のコメント（説明）を書くためのものです。

1行コメントの書式は以下の通りです。

▶ 1行コメント書式

書式 // コメント

概要 1行のコメントを記述する

書式にあるとおり、先頭にスラッシュ記号（/）を2つ書きます。スラッシュ記号の後ろの位置から行末までがコメントになります。コメントの内容は、プログラムの実行に影響を与えることはありませんので、自由に記述することができます。

リスト2-19に1行コメントの例を示します。

リスト2-19 1行コメントの例

```
001:  // 税率を管理する
002:  let TAX = 1.08
003:
004:  let x = 120 * TAX   // 120円の税込金額を求める
```

1行目がコメントで、2行目のコードの説明を書いています。4行目は、コードの後ろにコメント書いています。

このように、1行コメントは行の先頭やコードの横に書くことができます。行の先頭に「//」を書くと、その行全体がコメントになります。

◎ 複数行の説明を付けてみよう

次にプログラム中に複数行の説明を書いてみましょう。複数行の説明を複数行コメントと呼びます。

複数行コメントは、詳細な説明を書く場合に使用します。例えば、プログラムの概要や作成者、作成日付、改訂履歴などを書く場合は複数行コメントを使用するとよいでしょう。

複数行コメントの書式を以下に示します。

▶ 複数行コメントの書式

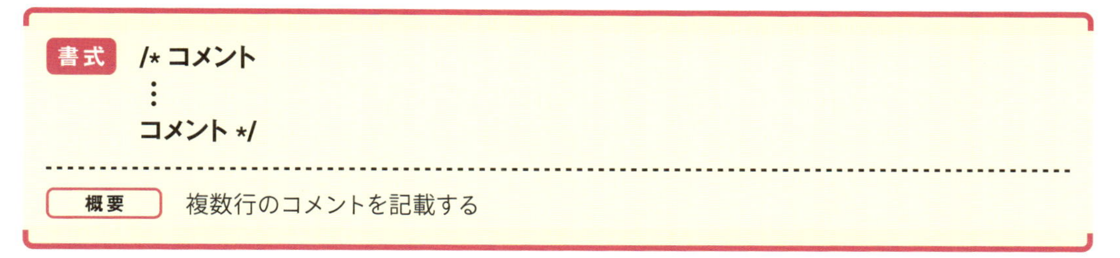

書式 /* コメント
⋮
コメント */

概要 複数行のコメントを記載する

書式にあるとおり、複数行コメントの先頭は「/*」で始め、「*/」で終わります。「/*」から「*/」の間であれば、何行でもコメントを書くことができます。先頭の「/*」を忘れたり、終わりの「*/」を忘れたりするとエラーになってしまうので気を付けてください。「/*～*/」は複数行コメントですが、1行だけのコメントを書いても問題ありません。

それでは、複数行コメントの例を見てみましょう（リスト2-20）。

リスト 2-20 複数行コメントの例

```
001: /* ================================================================================
002:     プログラム概要：身長と体重からBMI値を求める
003:
004:     作成者：Hiroki Takahashi
005:     作成日：2018-01-16    新規作成
006:     更新日：2018-03-01    求めたBMIから、低体重、普通体重、肥満を判断する処理を追加
007:     ============================================================================*/
```

この例では、作成したプログラムの説明を複数行コメントで書いたものです。

1行目の先頭は「/*」なので、複数行コメントを開始していることがわかります。その後に続く「=====…」は装飾のために書いたものです。この例のように、記号を使って装飾することでコメントを目立たせることができます。

2行目〜6行目には、プログラム概要、作成者、作成日、更新日を書いています。

7行目が複数行コメントの終わりです。複数行コメントが終わることを示す必要があるので、行末には「*/」を書いています。

◎ マークアップコメントを付けてみよう

playgroundでは、マークアップと呼ばれるタイプのコメントがあります。マークアップは、決められた書式で記述することによって、図2-10のような装飾されたコメントを書くことができます。

図2-10 マークアップコメント

マークアップコメントは「/*:」〜「*/」の中に、Markdown記法で記述します。Markdown記法は、文書を記述するための軽量マークアップ言語で、簡単な記述でHTMLを生成するために開発されたものです。

図2-10に示したコメントを書くにはリスト2-21のように記述します。記述した後は、Xcodeのメニューで[Editor] - [Show Rendered Markup]を選択することで、図2-10のように装飾されたコメントが表示されます。装飾を解除したい場合は、メニューの[Editor]→[Show Raw Markup]を選択します。

リスト2-21の2行目で使用している「#」は見出しの装飾を付けるものです。「#」の後ろには半角スペースを1つ入れ、その後ろに表示したい文字列を書きます。

「#」は1個で一番大きな見出しを作成し、「##」で一回り小さい見出しになります「#」は6個までつなげることができ、つなげた分だけ文字が小さくなります。

4〜6行目で使用している「数字.」はリストを表します。「数字.」の後ろに半角スペースを入れて、その後ろに表示したい文字を書きます。

マークアップコメントは、他にも装飾するための記号がありますので、興味のある方は「Markdown」で検索をしてみてください。

リスト 2-21 マークアップコメントの例

```
001: /*:
002:     # リスト2-21
003:     ## マークアップコメント
004:     1. リスト1
005:     2. リスト2
006:     3. リスト3
007: */
```

COLUMN　Swift参考サイト

Swiftの勉強や開発において、参考になるサイトをいくつか紹介します。

●Apple Developer Documentation

https://developer.apple.com/documentation/

Apple公式のドキュメントサイトです。残念ながらすべて英語なのですが、Google翻訳などを使用すれば日本語で読むことができます。

日本語のサイトもありますが（https://developer.apple.com/jp/documentation/）公開されている情報は限られています。

●Apple Developer Forum

https://forums.developer.apple.com/welcome

Apple公式のフォーラムサイトです。英語ですが、世界中から投稿がなされていますので一度のぞいてみましょう。

●stack overflow

https://ja.stackoverflow.com/

https://stackoverflow.com/

プログラマーのためのQ&Aサイトです。上のURLが日本語サイトで、下が英語サイトです。質の良い情報が多く集まるサイトですのでプログラマーにとっては欠かせないサイトです。

●Qiita

https://qiita.com/

Qiitaは、エンジニアリングに関する知識を記録・共有するためのサイトです。Swiftに関する有益な情報も数多くあります。

CHAPTER

3

条件で動作を変えてみよう

SECTION 01

「もし○○ならば」をコードで表してみよう

プログラムは、上から順番に実行されます。しかし、いつも上から順番に実行されるのでは、決まった動作しかできません。シューティングゲームであれば、敵の弾が自機に当たったときに爆発シーンを表示したり、3ステージクリアした場合はボーナスステージに移動したりと、条件によって次の動作を変える必要があります。ここでは「もし〜ならば」をコードで表し、条件によって実行する処理を変更する方法を学習しましょう。

◎ 値を比較する方法を覚えよう

冒頭でも説明しましたが、プログラムは上から順番に実行されます。プログラムの中で「もし○○ならば」を使用すると、条件を満たすときに実行する処理と、条件を満たさなかった場合に実行する処理とに分けることができます。

例えば、変数xに入っている値が0より小さいときに「マイナスです」と表示したいとしましょう。この場合は、変数xと0を比較する必要があります。比較をするには専用の記号があり、この記号のことを比較演算子と呼びます。

比較演算子の代表的なものを表3-1に示します。

表3-1 比較演算子

演算子	説明	使用例
==	左の値が右の値と等しい場合はtrue、そうでなければfalse	x == y
!=	左の値が右の値と等しくない場合はtrue、そうでなければfalse	x != y
<	左の値が右の値より小さい場合はtrue、そうでなければfalse	x < y
>	左の値が右の値より大きい場合はtrue、そうでなければfalse	x > y
<=	左の値が右の値以下の場合はtrue、そうでなければfalse	x <= y
>=	左の値が右の値以上の場合はtrue、そうでなければfalse	x >= y

演算子を使用して値を比較するとtrueかfalseの結果を得ることができます。「変数xに入っている値が0より小さいとき」というのは、「x < 0」と書くことができます。

それでは演算子を使用するプログラムを書いてみましょう（リスト3-1）。
1行目ではxに2を、2行目ではyに3を代入しています。4行目以降は、比較演算子を使用して比較した結果（trueまたはfalse）を表示しています。

リスト3-1 演算子の使用例

```
001:  let x = 2
002:  let y = 3
003:
004:  print(x == y)   // false
005:  print(x != y)   // true
006:  print(x < y)    // true
007:  print(x > y)    // false
008:  print(x <= y)   // true
009:  print(x >= y)   // false
```


◎ 条件で実行するコードを分岐してみよう

演算子を使用して値を比較する方法がわかりましたので「もし○○ならば××のコードを実行せよ」というコードを書く方法を学習しましょう。
「もし○○ならば」というのは、if文を使用して表現します。if文の書式は以下の通りです。

▶ if文の書式❶

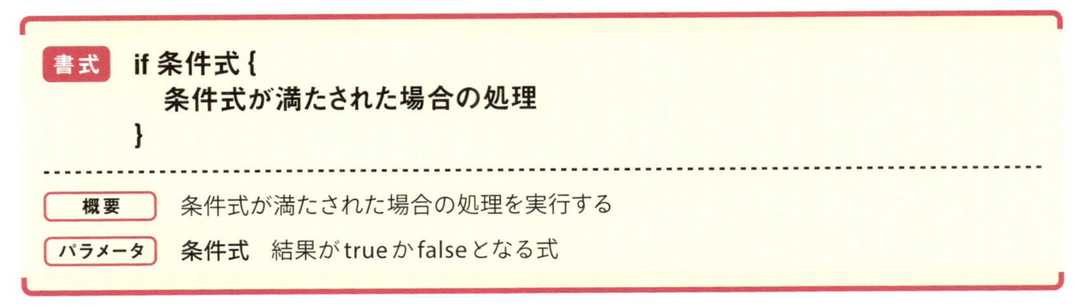

書式 if 条件式 {
　条件式が満たされた場合の処理
}

概要 条件式が満たされた場合の処理を実行する

パラメータ 条件式　結果がtrueかfalseとなる式

if文を使用すると、条件式が満たされたとき（つまり条件式の結果がtrueになったとき）に{}の内側に書かれたコードを実行します。

if文をフローチャートで表すと図3-1のようになります。

図3-1 if文のフローチャート

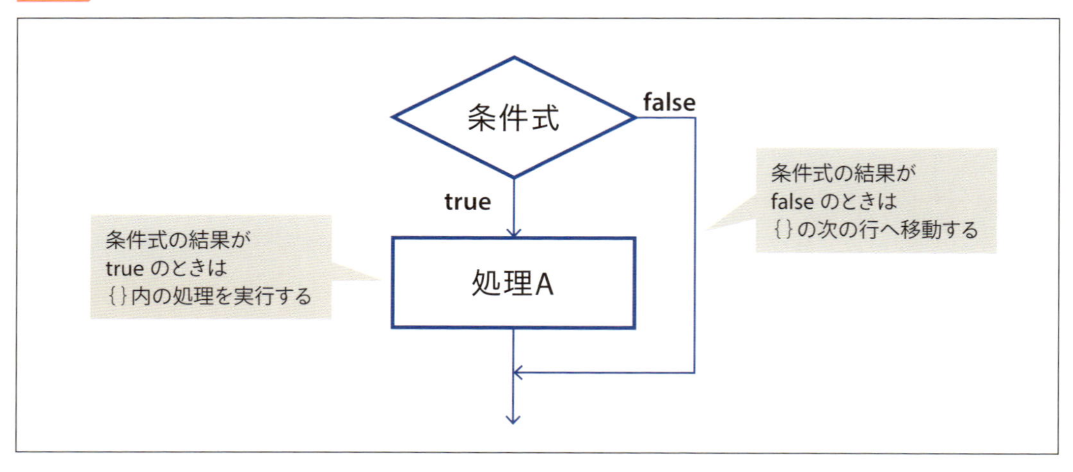

フローチャートは、日本語では流れ図とも呼びます。流れを四角や矢印といった図形で表現します。

ifはひし形で表し、内側には条件式を書きます。if文はtrueのときとfalseのときの2つの流れがありますので、ひし形からは2本の矢印を下に向かって伸ばします。1本は条件式が成り立った（true）ときに実行する処理Aに向かって伸ばし、もう1本は処理Aの下に伸ばします。

if文の流れを理解できたら、実際のコード例を見てみましょう（リスト3-2）。

リスト3-2 if文の使用例

```
001: let weight = 64.5   // 体重(kg)
002: let height = 1.6    // 身長(m)
003: let bmi = weight / ( height * height )  // BMIを計算
004:
005: if bmi < 25 {
006:     print("肥満度指数は標準未満です")
007: }
```

この例では、体重と身長からBMI（肥満度指数）を計算し、BMI値が25未満のときに「肥満度指数は標準未満です」という文字列を表示します。「BMIは体重（Kg）÷（身長（m）×身長（m））」で求めることができます。

1行目はweightに体重を代入し、2行目はheightに身長を代入しています。

3行目でBMI値を求め、5行目でBMIの値が25未満かを判断しています。「BMI値が25未満か」ということを判断したいので、if文の条件式には「bmi < 25」と書きます。変数bmiに入っている値が25未

満の場合は{～}の内側を実行しますので「肥満度指数は標準未満です」を表示します。
変数bmiの値が25以上の場合は、if文の条件式は満たされないので、何も表示せずにプログラムが終了します。この例では、体重64.5kgで身長が1.6mなのでBMI値を計算すると25.1953125となり、{～}の内側は実行せずにプログラムが終了します。

リスト3-2が正しく動作することを確認できたら、1行目のweightの値を「63.5」に変更して実行をしてみましょう。BMI値は24.8046875になりますので、「肥満度指数は標準未満です」の文字列が表示されます。

このようにif文を使用することで、実行するコードを分岐することができます。

◎「そうではない場合」をコードで表してみよう

if文を使用することで、「指定した条件が満たされたときのみ実行するコード」を書くことができました。if文ではさらに、指定した条件が満たされたかったとき、つまり「そうではない場合」に対するコードも書くことができます。

「そうではない」を表現するには、elseというキーワードを使用します。elseはif文の後に書き、if文の条件式がfalseになった場合に実行されます。

▶ if文の書式❷

書式
```
if 条件式 {
    条件式が満たされた場合の処理
} else {
    条件式が満たされなかった（そうではない）場合の処理
}
```

概要　条件式が満たされた場合の処理または満たされなかった場合の処理を実行する

パラメータ　条件式　結果がtrueかfalseとなる式

if～else文をフローチャートで表すと図3-2のようになります。

if文の条件式が満たされるとtrueの矢印へと進み「処理A」を実行します。条件式が成り立たなかった場合はfalseの矢印へと進み「処理B」を実行します。このようにif～elseを使用することで、実行する処理を切り分けることができます。

図3-2 if～else文のフローチャート

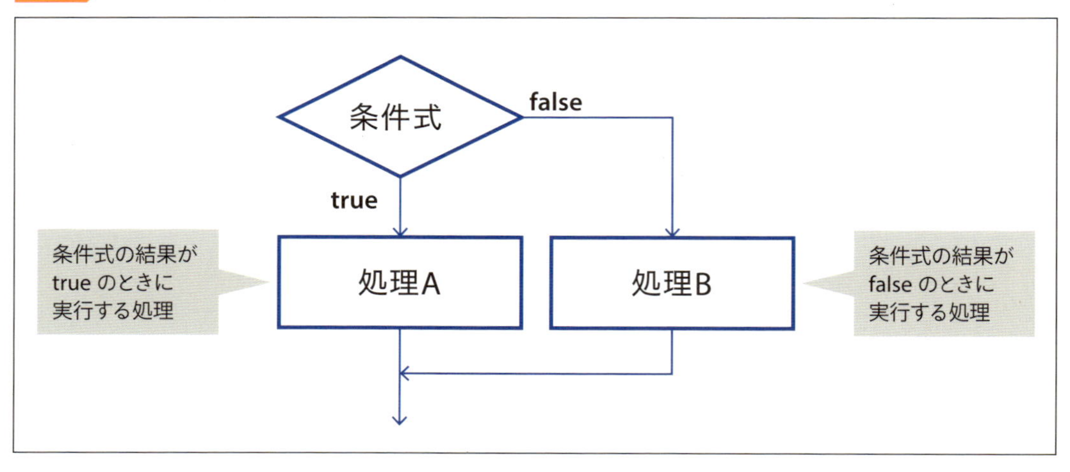

それではif～else文の例を見てみましょう。リスト3-3はリスト3-2を改造してBMIの値が25未満のときは「肥満度指数は標準未満です」を表示し、BMIの値が25未満でない場合は「肥満度指数は標準以上です」を表示します。

リスト3-3 if～else文の使用例

```
001: let weight = 64.5   // 体重(kg)
002: let height = 1.6    // 身長(m)
003: let bmi = weight / ( height * height )  // BMIを計算
004:
005: if bmi < 25 {
006:     print("肥満度指数は標準未満です")
007: } else {
008:     print("肥満度指数は標準以上です")
009: }
```

改造した部分は7行目以降です。7行目はifの{}の後ろにelse {を追記しています。これにより、if文の条件式が満たされずにfalseになった場合は、7行目の{から9行目の}までに書かれたコードが実行されるようになります。

体重64.5kg、身長1.6mの場合はBMIは25.1953125となりますので、elseの{}内を実行して「肥満度指数は標準以上です」が表示されます。

◎「そうではなく○○ならば」をコードで表してみよう

if〜else文では、1つの条件式が成り立つかどうかで処理を2つに分岐させました。if文ではさらに条件式を加えて処理を分岐させることができます。

最初の条件式は「もし○○ならば」ですよね。さらに条件を加えるなら「そうではなく○○ならば」となります。「そうではなく○○ならば」はelse ifというキーワードを使用します。

▶ if文の書式❸

書式

```
if 条件式1 {
    条件式1が満たされた場合の処理
} else if 条件式2 {
    条件式2が満たされた場合の処理
} else {
    いずれの条件式が満たされなかった場合の処理
}
```

概要 複数の条件式のうち、満たされた条件の処理を実行します。いずれの条件も満たさない場合はelseに書かれた処理を実行します。elseは省略することも可能です

パラメータ 条件式　結果がtrueかfalseとなる式

書式に示した通り、else ifはif {} の後ろに書きます。else ifはいくつ書いても構いません。必要な条件式の分だけ書くことができます。いずれの条件式も満たさないときはelseの処理を実行します。このelseの処理は、必要がない場合は省略しても（書かなくても）構いません。

if〜else if文をフローチャートで表すと図3-3のようになります。

if文の条件式1（「もし○○ならば」に相当）が満たされるとtrueの矢印へと進み「処理A」を実行します。条件式1が成り立たない場合は条件式2（「そうではなく○○ならば」に相当）に進みます。条件式2が成り立つ場合は「処理B」を、条件式が成り立たない場合は「処理C」を実行します。

図3-3 if～else if文のフローチャート

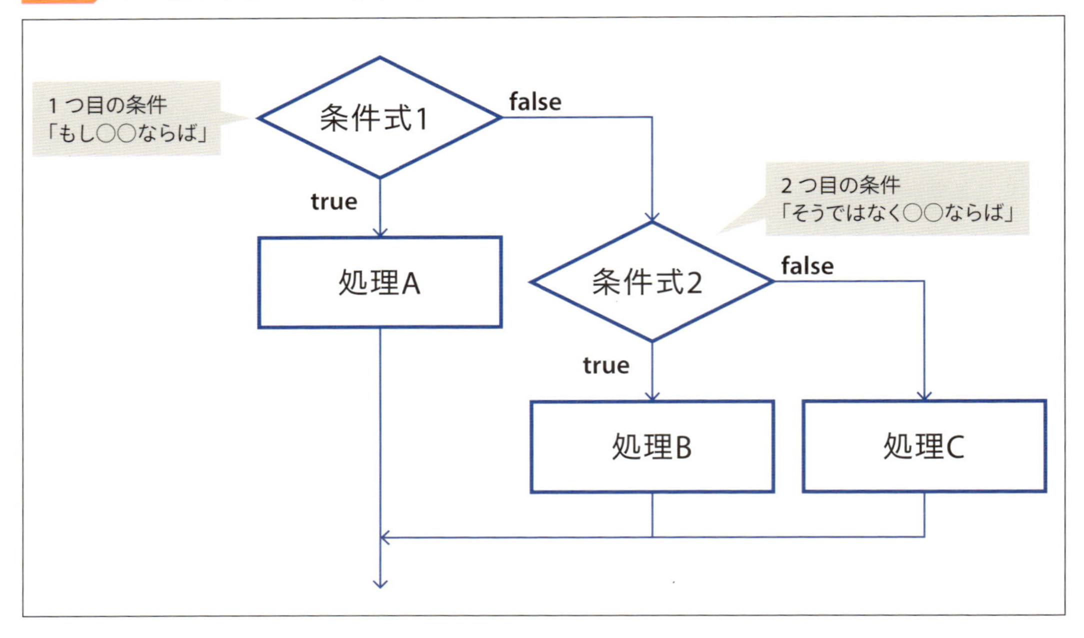

それではif～else if文の例を見てみましょう。リスト3-4はリスト3-3を改造して以下の表のようにBMI値を表3-2に示す3つの範囲に分割してメッセージを表示するものです。

5行目でbmiが18.5未満かを判断し、7行目で25未満かを判断しています。表3-2を見るとBMI値を18.5以上25未満としているので、7行目のelse ifの条件式は「18.5以上25未満」と指定する必要があるのでは？と思われた方もいるでしょう。5行目で18.5未満かを判断してfalseになった場合は、変数bmiに18.5以上の値が入っていることになります。よってelse ifには「bmi < 25」のみを書いています。

7行目の条件式が成り立たない場合はbmiには25以上が入っていることになりますので9行目のelseが実行されます。

表3-2 BMI値の範囲とメッセージ

BMI値	表示するメッセージ
18.5未満	BMI値の結果から痩せ型と判断されました
18.5以上25未満	BMI値の結果から普通体重と判断されました
25以上	BMI値の結果から肥満と判断されました

リスト3-4 if～else文の使用例

```
001: let weight = 64.5   // 体重(kg)
002: let height = 1.6    // 身長(m)
003: let bmi = weight / ( height * height )  // BMIを計算
004:
005: if bmi < 18.5 {
006:     print("BMI値の結果から痩せ型と判断されました")
007: } else if bmi < 25 {
008:     print("BMI値の結果から普通体重と判断されました")
009: } else {
010:     print("BMI値の結果から肥満と判断されました")
011: }
```

◎ 複数の条件式を組み合わせてみよう

これまでに学んだif文では「BMIが18.5未満か」や「BMIが25未満か」のように、1つの条件のみで判断してきました。では「性別が男性で25歳以上か」のような条件の場合はどうでしょうか。この条件を分解してみると「性別が男性かどうか」と「25歳以上かどうか」という2つの条件式から成り立っています。今までに学んだif文で表すとしたらリスト3-5のように書くことができます。

リスト3-5 性別が男性で25歳以上かを判断する例

```
001: let gender = "男性"
002: let age = 27
003:
004: if gender == "男性" {
005:     if age >= 25 {
006:         print("男性で25歳以上です")
007:     }
008: }
```

リスト3-5をよく見るとif文の中にif文がありますね。4行目の条件は変数genderが男性かを判断しています。男性である場合には{}の内側へと進み、次のif文が実行されます。5行目のif文はageの値が25以上かを判断し、25以上の場合には「男性で25歳以上です」を表示します。このようにif文の中にif文を書くことで、「性別が男性で25歳以上」のような条件も表現することができます。

しかし、1つ目のif文の条件が成立してからもう一つのif文が成立したときというコードは行数も長くなり読みにくいものです。そこで2つ以上の条件式を組み合わせて1つのif文で表現する方法を学んで行きましょう。

2つ以上の条件式を1つのif文で表現するには、日本語の「かつ」や「または」に相当する書き方をします。たとえば「性別が男性で25歳以上か」は「性別が男性」かつ「25歳以上」とも言えますね。このような表現をするには、表3-3に示す論理演算子を使用します。

表3-3 論理演算子

演算子	説明	使用例
&&	左の値がtrue右の値がtrueの場合にtrueとなる。それ以外はfalseとなる	x && y
||	左の値または右の値のどちらかがtrueの場合にtrueとなる。 左の値も右の値もfalseの場合はfalseとなる	x || y
!	値がtrueの場合はfalse、値がfalseの場合はtrueとなる	!x

「性別が男性かつ25歳以上」を表す式を詳しく見てみましょう。&&演算子は、左の値と右の値がtrueのときに、式全体の結果がtrueになります(図3-4)。逆に、左または右のどちらかがfalseの場合は式全体の結果はfalseになります。

図3-4 「性別が男性かつ25歳以上」の例

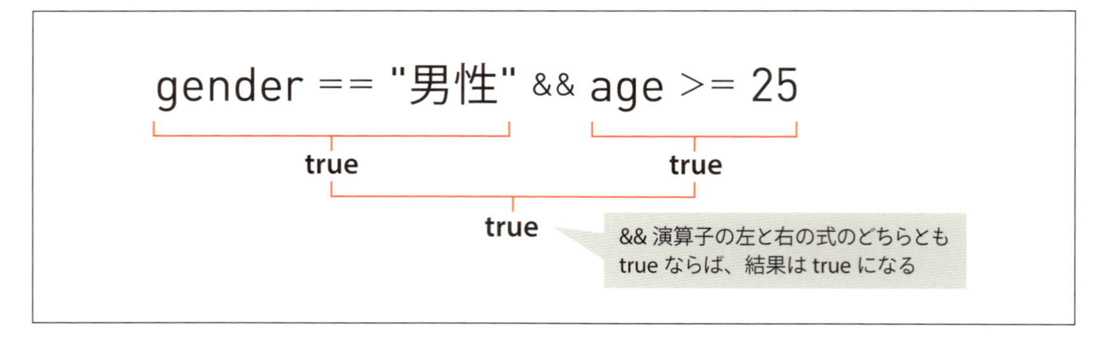

以上をふまえてリスト3-5を書き換えてみましょう。ネストして使用していたif文が1つにまとまり(4行目)、全体の行数も短くなりました。行数が減ることで見やすくなり、バグが減ることにもつながります。複数の条件を満たすような式を書く場合は論理演算子の使用を検討しましょう。

リスト3-6 &&演算子を使用してリスト3-5を書き換えたコード

```
001: let gender = "男性"
002: let age = 27
003:
004: if gender == "男性" && age >= 25 {
005:     print("男性で25歳以上です")
006: }
```

COLUMN 入れ子（ネスト）とインデント

リスト3-5ではif文の中にif文を書きました。このようにプログラムコードが内側へと繰り返されるような構造を入れ子またはネストと呼びます。入れ子の中のコードは字下げをするのが一般的です。字下げのことをインデントと呼びます。インデントをすることで、はじまりの「{」に対する終わりの「}」を探しやすくなるというメリットがあります。また{から}までをブロックと呼び、1つの処理のかたまりを表します。プログラムの大まかな流れをつかむには、すべてのコードを読むのではなくブロックごとにどのような処理をしているのかを見るとよいでしょう。

インデントはTabキーを押すか、直接スペースキーを押して空白を入力します。一般的にインデントの空白は半角スペース2個か4個分です。Tabキーを押した場合の空白は、既定で半角4個分になっています。空白の数を変更したい場合は、メニューの［Xcode］-［Preferences］を選択します。表示されるダイアログで「Text Editing」→「Indentation」のタブを選択し、「Tab width」の数値を変更してください。

SECTION 02

複数の値から一致するものを見つけよう

if文では、指定した条件式が成り立ったときに決まった処理を実行できました。ここでは、ある値と複数の値を比較して、一致した値に対する処理を実行する方法を学習しましょう。

◎ 複数の値と比較してみよう

変数に代入されている値が、複数の値のいずれかと一致した場合に特定の処理を実行するにはどのようにしたら良いでしょうか。

ここでは、変数に代入された曜日(英語の短縮形3文字)がSUN〜SATのいずれかの値と等しい場合に「今日は○曜日です」というメッセージを表示する場合で考えてみましょう。

はじめに、すでに学んだif文を使用して書いてみましょう。おそらくリスト3-7のようになるのではないでしょうか。

1行目のyobiに代入された曜日を4行目以降のif文で比較して「今日は○曜日です」を表示しています。「複数の値のいずれかと一致したときに任意の処理を実行する」という目的は果たせていますが、if文を何度も書く必要があり可読性の悪いコードになっています。

リスト3-7 if文を使用して値ごとに表示するメッセージを変える例

```
001: let yobi = "TUE"
002: var msg = "?曜日"
003:
004: if yobi == "SUN" {
005:     msg = "日曜日"
006: } else if yobi == "MON" {
007:     msg = "月曜日"
008: } else if yobi == "TUE" {
009:     msg = "火曜日"
010: } else if yobi == "WED" {
011:     msg = "水曜日"
012: } else if yobi == "THU" {
013:     msg = "木曜日"
```

```
014:   } else if yobi == "FRI" {
015:       msg = "金曜日"
016:   } else if yobi == "SAT" {
017:       msg = "土曜日"
018:   }
019:
020:   print("今日は\(msg)です")
```

「複数の値のいずれかと一致する場合」を表現するにはswitch文を使用して書くことができます。

以下の書式に示す通り、switchキーワードの右側には比較したい値が入っている変数(または定数)を書きます。続いて{}の内側には「比較対象となる値」と「一致したときに実行する処理」を書きます。比較対象となる値は「case 値:」のように書きます。caseの次の行には、その値と一致したときに実行する処理を書きます。「case 値:」と「比較対象の値と等しい場合に実行する処理」の組み合わせはいくつ書いても構いません。また、いずれの値にも一致しなかった場合の処理は「default:」の次の行に書きます。「default:」は省略することはできませんので注意してください。

COLUMN 文字列の連結

+演算子は数値の加算に使用しますが、文字列の連結にも使用することができます。例えば以下のコードのように+演算子を使用するとmsgには「今日は月曜日です」が代入されます。

```
let yobi = "月曜日"
let msg = "今日は" + yobi + "です"
```

また、文字列の中に変数の値を埋め込むことも可能です。リスト3-7の20行では、「今日は」と「です」の間にmsg変数の値を埋め込んでいます。ダブルクォーテーションで括られた文字列中に「\(変数)」と書くと、その部分は変数の値に置き換わります。

▶ switch文の書式❶

書式

```
switch 変数 {
  case 値1 :
    値1と等しい場合に実行する処理
  case 値2
    値2と等しい場合に実行する処理
    ⋮
  default :
    いずれの値にも該当しなかった場合の処理
}
```

概要 ある変数の値と複数の値を比較して、一致した値に対する処理を実行します。いずれの値にも該当しない場合はdefaultに書かれた処理を実行します。

パラメータ

変数（または定数）	比較元の値
case 値	比較対象の値

switch文をフローチャートで表すと図3-5のようになります。

変数（または定数）がいずれかの値と一致すると、一致した場合の処理を実行しswitch文を抜けます。いずれの値とも一致しない場合はdefaultへと進み処理実行後にswitch文を抜けます。

図3-5 switch文のフローチャート

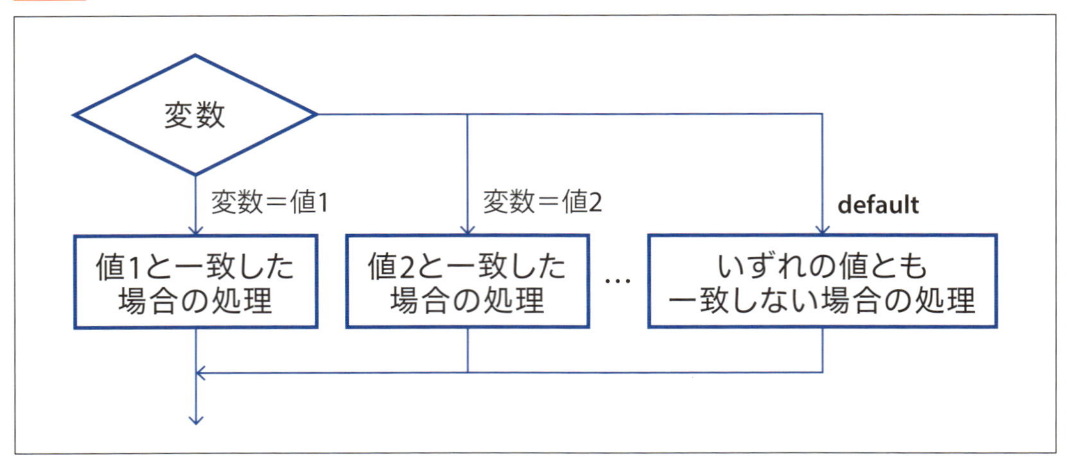

それでは実際のコード例を見てみましょう。リスト3-8はリスト3-7のif文をswitch文で書き直した例です。

4行目がswitch文の始まりで、変数yobiを置いています。このことからyobiと一致する「case 値:」の次の行に書かれた処理を実行します。yobiには「TUE」が入っているので9行目のcaseと一致します。よって10行目を実行してswitch文を抜け23行目を実行します。

リスト3-8 リスト3-7のswitch版

```
001: let yobi = "TUE"
002: var msg = "?曜日"
003:
004: switch yobi {
005: case "SUN":
006:     msg = "日曜日"
007: case "MON":
008:     msg = "月曜日"
009: case "TUE":
010:     msg = "火曜日"
011: case "WED":
012:     msg = "水曜日"
013: case "THU":
014:     msg = "木曜日"
015: case "FRI":
016:     msg = "金曜日"
017: case "SAT":
018:     msg = "土曜日"
019: default:
020:     msg = "?"
021: }
022:
023: print("今日は\(msg)です")
```

◎ switch文の編集

playgroundで「switch」と入力すると、図3-6のようにキーワードの一覧が表示されます。このとき「switch」にフォーカスが当たっている状態でTabキーを押すと、図3-7に示すようにswitch文の基本コードが入力されます。基本コードで変更すべき箇所は「value」「pattern」「code」のキーワード部分です。これらの部分を書き換えるまではエラー(error:〜の部分)や警告(Editor placeholder〜の部分)のメッセージが表示されたままになります。

キーワード部分はTabキーを押して移動させて編集することができます。1つ前のキーワードの位置に戻りたい場合はShift＋Tabキーを押します。

図3-6 switchキーワードの選択

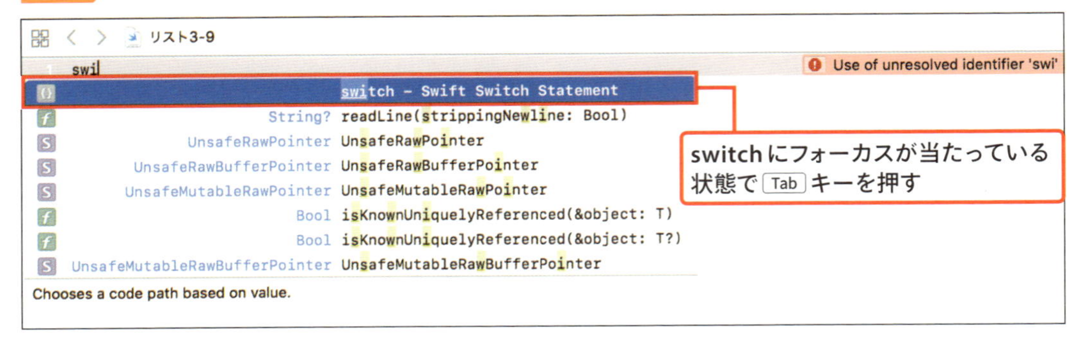

図3-7 switch文の基本コード

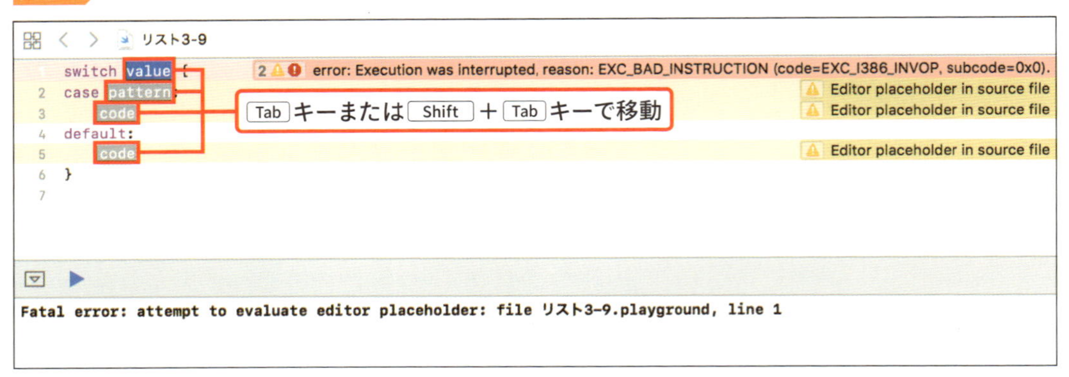

◎ caseの条件を複数にしてみよう

switch文は、1つのcaseに複数の値を指定することもできます。

この場合は以下の書式に示すように、caseに指定する値をカンマで区切って指定します。値はいくつ書いても構いません。変数の値とcaseの右側に置いた値のいずれかと一致したときに処理を実行します。

switch文の書式❷

書式

```
switch 変数 {
  case 値1, 値2, 値n :
    値1, 値2, 値nと等しい場合に実行する処理
  default :
    いずれの値にも該当しなかった場合の処理
}
```

概要 ある変数の値とcaseの右側に置かれた複数の値を比較して、いずれかの値と一致した場合に処理を実行します。いずれの値にも該当しない場合はdefaultに書かれた処理を実行します。

パラメータ

変数（または定数）	比較元の値
case 値, 値2, ...	比較対象の値

リスト3-9は、caseの右側に複数の値を置いて判定する例です。1つ目のcaseにはリンゴ、ミカン、バナナが置いてあり、変数の値と一致した場合は「くだものです」を表示します。また、2つ目のcaseにはキュウリ、ナス、タマネギが置いてあり、変数の値と一致した場合は「野菜です」を表示します。いずれの値とも一致しない場合は「いずれの種類にも該当しません」を表示します。

リスト3-9 複数の値を1つのcaseで判定する例

```
001: let x = "ミカン"
002: var msg = ""
003:
004: switch x {
005: case "リンゴ","ミカン","バナナ":
006:     msg = "くだものです"
007: case "キュウリ","ナス","タマネギ":
008:     msg = "野菜です"
009: default:
010:     msg = "いずれの種類にも該当しません"
011: }
012:
013: print(msg)
```

◎ caseで範囲を指定してみよう

case文ではさらに「ある範囲内にあるか」を判断することもできます。範囲の指定には専用の記号である範囲演算子を使用します（表3-4）。

表3-4 範囲演算子

演算子	説明	使用例
...	閉（closed）範囲演算子。演算子の左側の値から右側の値の範囲内かを判定します	1...3（1以上3以下）
..<	半開（half-open）範囲演算子。演算子の左側の値から右側の値未満までの範囲内かを判定します	1..<3（1以上3未満）

以下は範囲演算子を使用して、変数xの値を判定してメッセージを表示する例です。5行目は「..<」演算子を使用しているので、4以上12未満の範囲かを判定します。7行目は「...」演算子を使用しているので12以上14以下の範囲かを判定します。9行目も同様です。11行目はカンマで区切って「0以上3以下」と「19以上23以下」のどちらかの範囲内かを判定しています。いずれの値にも一致しない場合はdefaultの処理が実行されるので「不正な値です」を表示します。

リスト3-10 範囲演算子を使用した判定例

```
001: let x = 20
002: var msg = ""
003:
004: switch x {
005: case 4..<12:    // 4以上12未満
006:     msg = "朝です"
007: case 12...14:   // 12以上14以下
008:     msg = "昼です"
009: case 15...18:   // 14以上18以下
010:     msg = "夕方です"
011: case 0...3, 19...23: // 0以上3以下 と 19以上23以下
012:     msg = "夜です"
013: default:
014:     msg = "不正な値です"
015: }
016:
017: print(msg)
```

CHAPTER

4

処理の繰り返しと複数データの取り扱い

SECTION 01

回数を決めて処理を繰り返してみよう

様々なプログラム作成を経験するうちに、似たようなコードを何度も書く場面に遭遇します。似たようなコードは、繰り返し処理に置き換えることでコード量を減らして簡潔に書くことができます。ここでは、繰り返し回数を決めて処理を実行する方法を学習していきましょう。

◎ 繰り返し処理の必要性を考えよう

はじめに、変数xに1～10までの整数を足し合わせるコードを考えてみましょう。このときxの値の途中経過をprint命令で表示するものとします。

これまでに学んだ知識でコードを考えると、リスト4-1のようになるのではないでしょうか。

1～10まで足し合わせて表示するだけなのに22行もコードを書いています。これが1～100まで足し合わせるとしたらどうでしょうか？もしくは1～1000までだとしたら.....気が遠くなってしまいますね。

リスト4-1 1～10までの整数を足し合わせる例

```
001: var x = 0
002:
003: x = x + 1
004: print(x)
005: x = x + 2
006: print(x)
007: x = x + 3
008: print(x)
009: x = x + 4
010: print(x)
011: x = x + 5
012: print(x)
013: x = x + 6
014: print(x)
015: x = x + 7
016: print(x)
017: x = x + 8
```

```
018:    print(x)
019:    x = x + 9
020:    print(x)
021:    x = x + 10
022:    print(x)
```

ここでリスト4-1のコードをよく見てみましょう。数を足して表示するという部分にだけ注目すると、異なる箇所は図4-1の○で囲った部分だけですよね。この部分が異なるだけなのに、何行もコードを書くのは大変です。

図4-1 数を足して表示するコードの異なる部分

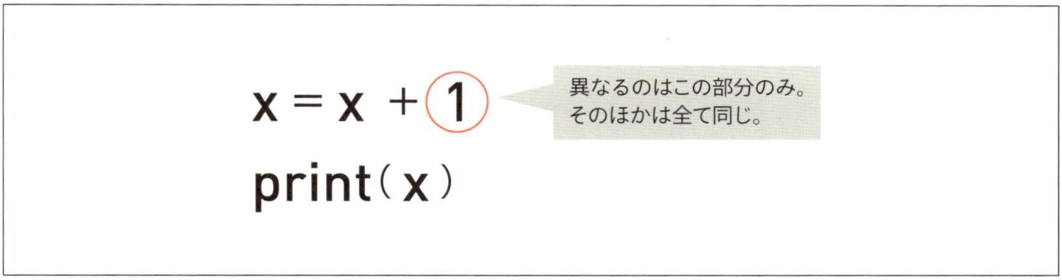

```
x = x + ①
print(x)
```

異なるのはこの部分のみ。
そのほかは全て同じ。

そこで、繰り返し処理の登場です。繰り返し処理を使用すると、図4-1の○の部分のみを変化させるように記述してコードの量を減らすことができます。

COLUMN 加算代入演算子

リスト4-1に出てきた「x = x + 1」は、「=」の左側にも右側にも「x」がありますね。これはどのように計算されるかというと、最初に=の右側にある「x + 1」を計算します。次に、左側の変数xに計算結果を代入します。よって最初にxに0が入っている状態で「x + 1」を計算する場合は「0+1」を計算して、その結果の1をxに代入することになります。

この式は加算代入演算子「+=」を使用するとより簡潔に書くことができます。先ほどの「x = x + 1」は、加算代入演算子を使用すると「x += 1」と書くことができます。「x = x + 3」の場合は「x += 3」のように書くことができます。

また、減算代入演算子「-=」というのもあります。こちらは引き算の場合に使用する演算子です。「x = x - 1」は「x -= 1」と書くことができます。

◎ for〜in文で処理を繰り返してみよう

先ほどの1〜10まで足し合わせるというコードは、同じような処理を10回書いて実行させていました。このように決められた回数分、同じような処理を実行するにはfor〜in文を使用します。

for〜in文のinの手前には、任意の変数を置きます。inの右側には**CHAPTER 3**で学習した範囲演算子を使用して繰り返しの範囲を記述します。例えば1〜10までの10回繰り返しを行いたい場合は「1...10」と書き、1〜10未満（つまり9）まで繰り返したい場合は「1..<10」と書きます。また、{}の内側には繰り返し実行したい処理を書きます。inの手前の変数には、範囲演算子で指定した範囲の現在の値が入ります。例えば「3...5」のように範囲を指定した場合は、1回目の繰り返しでは「3」が、2回目の繰り返しでは「4」というように、繰り返すごとに1ずつ増えた値が変数に入ります。

▶ for〜in文の書式❶

書式

```
for 変数 in 繰り返しの範囲 {
    繰り返し実行する処理
}
```

概要 「繰り返しの範囲」で指定された範囲の分、繰り返し処理を実行する

パラメータ 変数　繰り返し範囲の現在の値

それではリスト4-1で作成した1〜10までの整数を足し合わせるプログラムをfor〜in文で作成してみましょう。

for〜in文による繰り返し処理を作成するポイントは、似たようなコードを探しだすことです。リスト4-1のコードで似たような処理をしているのは、以下の部分でしたね（リスト4-2）。このコードのうち、変化させたい部分は1行目のxに足している「1」の部分です。処理が1回繰り返されるごとに、この「1」の部分を変化させてあげれば、1〜10までの計算をさせることができますね。

リスト4-2 リスト4-1の似たようなコードの抜粋

```
001:  x = x + 1
002:  print(x)
```

ここまで理解できたら、10回繰り返す部分のみをコードで書いてみましょう。コードはリスト4-3のようになります。1〜10までの繰り返しをしたいのでinの右側は「1...10」と書きます。for〜in文は繰り返し処理ですので、1行目から順に実行して3行目の「}」に到達すると、再び1行目へと戻ります。1

回目の繰り返し処理を行うときは、変数iには1が入ります。2回目の繰り返しのときは変数iに2が入り、3回目の繰り返しのときは変数iに3が入ります。同様にして10回繰り返し処理を実行します。11回目の繰り返しのときには繰り返しの範囲外になるため、for文を終了して次の行へと進みます。

リスト 4-3 10回繰り返す処理

```
001: for i in 1...10 {
002:     // ここに繰り返し実行したい処理を書く
003: }
```

リスト4-3では、処理を繰り返すごとに変数iの値が1,2,3...10と変化することがわかりました。

あとはリスト4-3の2行目の位置にリスト4-2のコードを挿入し、「1」の部分を変数iに置き換えれば1～10までの整数を足し合わせるプログラムができますね。作成したコードをリスト4-4に示します。

リスト 4-4 1～10までの整数を足し合わせる例（for～in版）

```
001: var x = 0
002: 
003: for i in 1...10 {
004:     x = x + i
005:     print(x)
006: }
```

リスト4-1と比較すると、コード量が少なくなり見やすくなりましたね。実行結果例を図4-2に示します。

図 4-2 リスト4-4の実行結果

```
リスト4-4

  var x = 0
2
3 for i in 1...10 {
      x = x + i
      print(x)
6 }
7

1
3
6
10
15
21
28
36
45
55
```

それでは1～100までの数を足し合わせる場合のコードはどうなるでしょうか？

リスト4-5に答えを示しますが、答えを見る前に自分で考えてみましょう。

繰り返しの範囲を「1...100」に変更するだけですね。このように似たような処理は、繰り返し処理を使用してコード量を減らすことができます。

リスト4-5 1～100までの数を足し合わせる例

```
001: var x = 0
002:
003: for i in 1...100 {
004:     x = x + i
005:     print(x)
006: }
```

◎ 降順で処理を繰り返してみよう

for～in文を使用することで、繰り返し処理を実行できることがわかりました。

for～in文の繰り返し範囲は、範囲演算子「...」や「..<」で指定し、繰り返しの回数は1,2,3...のように増えていきました。それでは、10,9,8...1のように降順で1つずつカウントダウン表示をするプログラムを作成するにはどのようにしたらよいでしょうか？範囲演算子は「小さい値...大きい値」のようにしか書けないので、リスト4-7のように書くことはできません。このプログラムはエラーになってしまいます。

リスト4-6 範囲演算子を使ってカウントダウンを作る例（エラーになる）

```
001: for i in 10...1 {  // 範囲演算子は「大きい値...小さい値」の様に書くことはできない
002:     print(i)
003: }
```

それではカウントダウンする値を管理する変数を準備したらどうでしょうか。リスト4-7は1行目でcountという変数を用意して10で初期化しています。繰り返し処理の中ではcount変数の値を表示し（4行目）、次にcount変数の値を1減らしています。実行結果は図4-3のようになり、10～1までカウントダウン表示できていることがわかります。

リスト 4-7 専用の変数を使用してカウントダウンする例

```
001: var count = 10
002:
003: for i in 1...10 {
004:     print(count)
005:     count -= 1
006: }
```

図 4-3 リスト 4-7 実行結果

```
リスト4-7
  var count = 10
2
3 for i in 1...10 {        ⚠ Immutable value 'i' was never used; consider replacing with '_' or removing it
      print(count)
      count -= 1
6 }
7

10
9
8
7
6
5
4
3
2
1
```

しかし、よく見ると「Immutable value 'i' was never used.～」という警告が出ています（黄色い三角のアイコンは警告を表します）。これは「for～in文のところに書いている変数iが1度も使われていませんよ」ということを示しています。警告ですので、プログラムの実行に影響を与えることはありません。実はfor～in文のinの左側に置く変数は、繰り返し処理の中で使用しない場合は、アンダースコア記号（_）を置くというルールがあります。よって、リスト4-8のように書くことで警告は表示されなくなります。

リスト 4-8 for～in 文の変数をアンダースコア（_）に置き換えた例

```
001: var count = 10
002:
003: for _ in 1...10 {
004:     print(count)
005:     count -= 1
006: }
```

次に、先ほどのcountのような専用の変数を使用せずにカウントダウン表示する方法を見てみましょう。for～in文の範囲演算子を()で囲み、その後ろに.reversed()と書くと降順で繰り返し処理を行うことができます。

▶ 書式 for～in文の書式❷

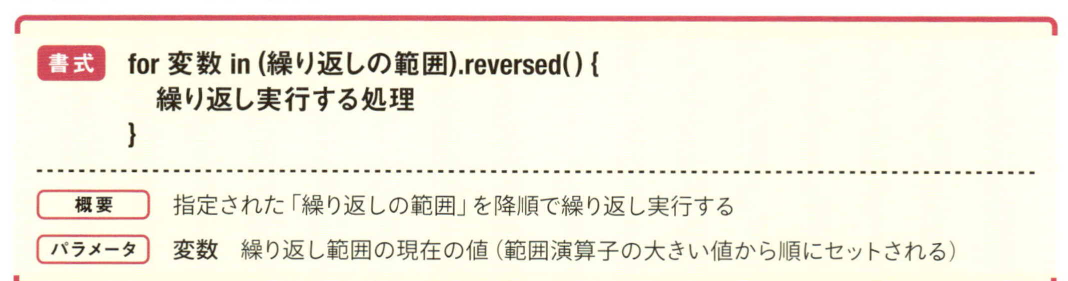

書式 for 変数 in (繰り返しの範囲).reversed() {
　繰り返し実行する処理
}

概要 指定された「繰り返しの範囲」を降順で繰り返し実行する

パラメータ 変数　繰り返し範囲の現在の値（範囲演算子の大きい値から順にセットされる）

.reversed()を使用してカウントダウンするプログラムはリスト4-9のようになります。countのような変数を準備する必要がなく、スッキリとしたコードになりました。

作成するプログラムによっては、.reversed()ではなく専用の変数を準備して降順処理するほうが有効な場合もありますので、用途に応じて使い分けるようにしましょう。

リスト4-9 .reversed( )を使用してカウントダウン表示する例

```
001: var count = 10
002:
003: for i in (1...10).reversed() {
004:     print(i)
005: }
```

SECTION 02

決められた条件の間、処理を繰り返してみよう

「01　回数を決めて処理を繰り返してみよう」ではfor～in文を使用して処理を繰り返し実行する方法について学びました。このほかに、指定された条件が満たされているときに処理を繰り返し実行する方法があります。ここでは、while文を使用したもう一つの繰り返し方法について学習しましょう。

◎ while文で処理を繰り返してみよう

for～in文は決められた回数分繰り返し処理をしますが、while文は指定された条件が満たされている間、繰り替えし処理をさせることができます。

while文の書式を以下に示します。

▶ while文の書式

書式

```
while 繰り返し条件式 {
    繰り返し実行する処理
}
```

概要　繰り返し条件式が満たされている間、処理を繰り返し実行する

例えば、「変数xの値が10より小さい間は繰り返し処理をさせたい」としましょう。「xが10より小さい間」というのが条件ですので、何回繰り返せばxが10より大きくなるのかわかりませんよね？このように、繰り返す回数はわからないけれど、繰り返し処理を行いたい場合の条件がわかっている場合はwhile文を使用します。for～in文とwhile文の違いを図4-4に示します。

図4-4 for～in文とwhile文の違い

決められた範囲の間 繰り返し処理を実行する	指定した条件が満たされている間 繰り返し処理を実行する

for 変数 in 繰り返しの範囲 {
 	
繰り返し実行する処理
 	
}
	while 条件式 {
	
	繰り返し実行する処理
	
	}

それでは、while文を使用するプログラムを作成してみましょう。

リスト4-10は、変数xの値が10より小さい場合に繰り返し処理を行い、繰り返す毎にxの値を表示する例です。

3行目のwhile文は条件式を「x < 10」としていますので、xが10未満の間は{}の中を繰り返し実行します。繰り返し処理の中では、4行目で現在のxの値を表示した後、5行目でxに1を加算しています。このように1回繰り返す毎にxの値は1ずつ増えていくことになります。10回繰り返し処理を行うとxの値は10になりますので、条件式が満たされなくなりwhile文の処理を中止して、次の行へと進みます。

リスト4-10 while文の使用例

```
001: var x = 0
002:
003: while x < 10 {
004:     print(x)
005:     x += 1
006: }
```

もう1つ例を見てみましょう。

リスト4-11も変数xが10より小さい場合に繰り返し処理を行う例です。リスト4-10との違いは5行目です。1回繰り返す毎にxの値は0.5ずつ増えていくことになります。このことから、条件式「x <10」が満たされなくなるのは20回繰り返し処理を行ったときです。

リスト4-10は10回繰り返すのに対し。リスト4-11は20回繰り返されますね。このようにwhile文は条件式が同じであっても繰り返す回数は同じとは限りません。

リスト4-11 while文の使用例2

```
001: var x = 0.0
002:
003: while x < 10 {
004:     print(x)
005:     x += 0.5
006: }
```

リスト4-10では繰り返し処理の最後に「x += 1」が、リスト4-11では「x += 0.5」がありますので、繰り返し処理を行う毎にxの値は増加していきますよね。では、この「x += 1」や「x += 0.5」という式を書き忘れてしまった場合はどうなるのでしょうか。

何回繰り返し処理を行ったとしても、xの値は1行目で代入した0のままで変わることはありません。つまり、3行目の条件式「x < 10」は永遠に満たされることとなり、while文から抜け出せなくなってしまいます。このように永遠に繰り返される処理のことを無限ループと呼びます。while文を使用するときは、必ず抜け出せるように処理を書くようにしましょう。

◎ while文の途中で脱出してみよう

while文の途中でbreakキーワードを使用すると、処理を中断してwhile文を抜け出すことができます（図4-5）。また、breakキーワードはfor～in文でも使用可能です

図4-5 breakキーワードのイメージ

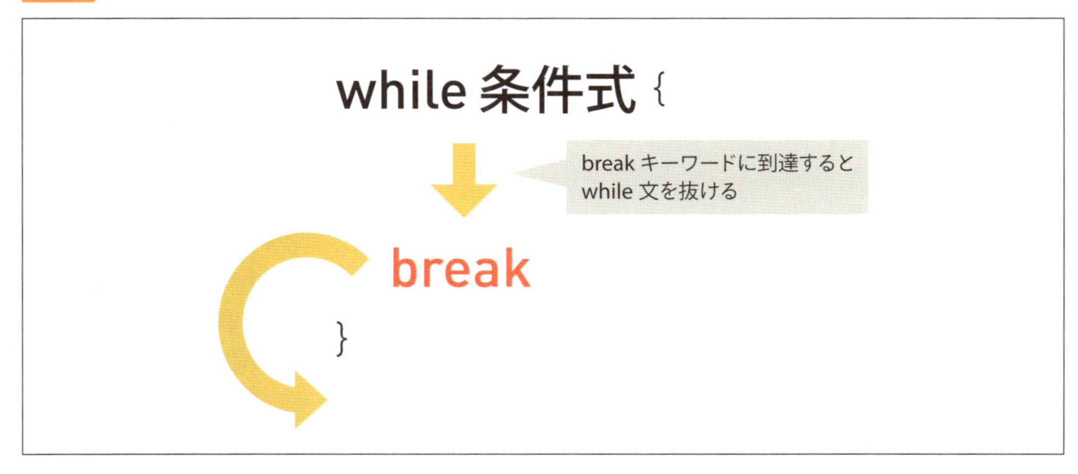

リスト4-12にbreakキーワードを使用する例を示します。

この例では繰り返しの条件式は「x <10」となっていますが、7行目のif文でxが5より大きくなった場合はbreakを実行してwhile文を終了します。このように、breakキーワードは繰り返しの範囲や条件に関係なく到達した時点で処理を中断することができます。

リスト4-12 breakキーワードの使用例

```
001: var x = 0
002:
003: while x < 10 {
004:     print(x)
005:     x += 1
006:
007:     if x > 5 {
008:         break
009:     }
010: }
```


◎ repeat-whileで処理を繰り返してみよう

while文は、繰り返しの最初にある条件式で繰り返すかどうかを判断しました。repeat-whileを使用すると、処理を実行した後に繰り返すかどうかを判断することができます。

repeat-whileの書式は以下の通りです。

▶ repeat-while文の書式

書式 repeat {
　　繰り返し実行する処理
} while 条件式

概要 最初に{〜}の中を実行し、条件式が満たされている場合は処理を繰り返し実行する

リスト4-13にrepeat-whileの例を示します。

この例では、はじめに3行目の{から6行目の}までの処理を実行します。次に6行目の条件式で変数xが10未満かを判定します。10未満と判定した場合には3行目に戻り処理を実行します。

このようにrepeat-whileは、最低1回は繰り返し処理の部分を実行します。

リスト4-13 repeat-whileの例

```
001: var x = 0
002:
003: repeat {
004:     print(x)
005:     x += 1
006: } while x < 10
```

◎ ループの入れ子

CHAPTER 3でif文の中にif文が書けることについて説明しましたが、同様にしてfor〜in文やwhile文も入れ子（ネスト）にすることができます。

リスト4-14にfor〜in文を入れ子にして九九を表示する例を示します。

始めに1行目のfor〜in文が実行されます。よって1回目の繰り返し処理が終わるまでの間は、変数xには1が入っています。次に2行目のfor〜in文が実行されますので、変数yには1が入り3行目で「1×1=1」を表示して、繰り返しの先頭へと戻ります。このとき、戻る場所は2行目になることに注意してください。よって内側のfor〜in文を9回実行してから1行目に戻ります。

このように、繰り返し処理を入れ子にすると、始めに内側の繰り返し処理を完了させ、次に外側の繰り返し処理に戻りますので覚えておきましょう。

リスト4-14 for〜in文を入れ子にして九九を表示する例

```
001: for x in 1...9 {
002:     for y in 1...9 {
003:         print("\(x)x\(y)=\(x * y)")
004:     }
005: }
```

SECTION 03

たくさんのデータを使ってみよう

多くのデータを扱うために、1つずつ変数を準備していたのでは、時間が掛かってしまいますし、煩雑なコードになってしまいます。Swiftには通常の変数のほかに、複数の値を持つことができる変数があります。ここでは、複数の値を使用する方法について学習しましょう。

◎ コレクション

複数の値を入れることができる変数のことをコレクションと呼びます。

例えば、テストの点数を変数に入れて管理するとしましょう。あるクラスには10人の生徒がいるので、各生徒の点数を管理するには10個の変数を準備する必要がありますね。40人いるクラスの場合はどうでしょうか。40個の変数を準備するのは大変ですよね。

そこで使用するのがコレクションです。コレクションは1つ準備することで複数の値を管理することができます（図4-6）。

図4-6 コレクションによるデータの管理

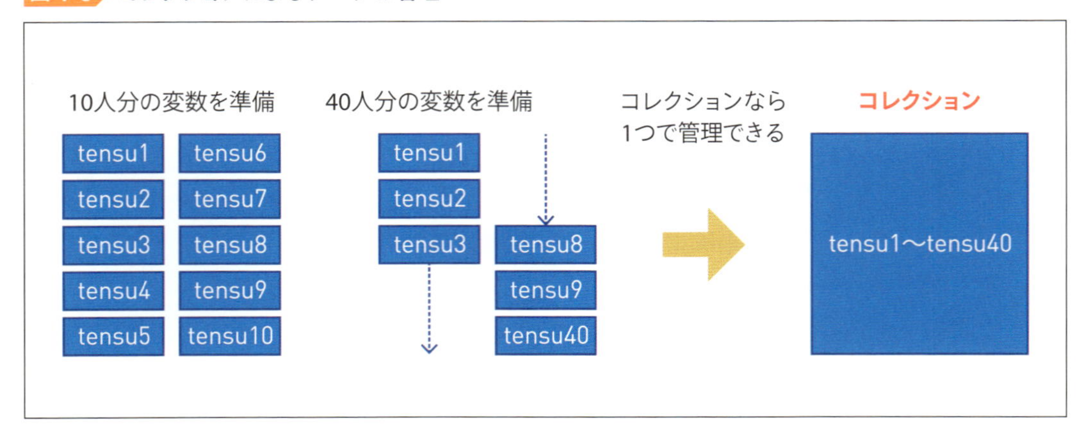

◎ 配列

コレクションには配列と辞書（ディクショナリ）の2種類ありますが、始めに配列について学習しましょう。先ほど、コレクションは1つ準備することで、複数の値を管理することができると説明しましたが、適当な数の箱を準備してしまうと、余るかもしれませんし、足りなくなるかもしれませんよね。

そこで、値を入れる箱を必要な分だけ準備して、全体に名前を付けて管理します。これを配列変数または単に配列と呼びます。

配列を貨物列車でイメージしてみましょう。「貨物列車」という1つの乗り物（配列）ですが、必要なコンテナ（データ）の分だけ車両（値を入れる箱）を準備することができます（図4-7）。

図4-7 配列のイメージ

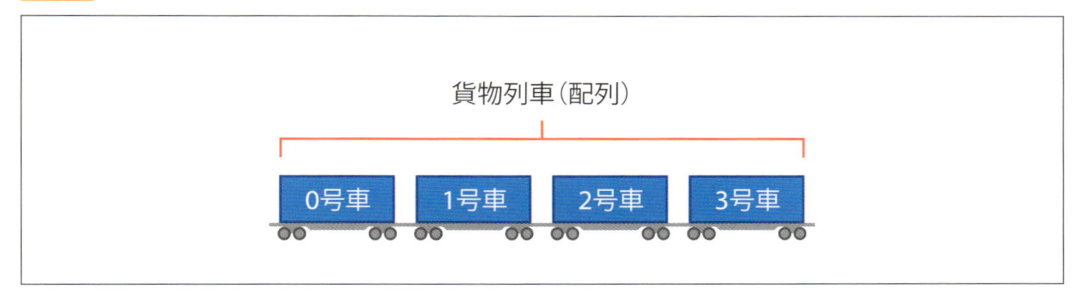

配列の箱にはそれぞれ番号が振られます。この番号を、要素番号やインデックスと呼び、箱に入れるデータのことを要素と呼びます。要素番号は1からではなく0から数えます。また、1つの配列で扱えるデータ型は1種類だけというルールがありますので覚えておきましょう。

◎ 配列を使ってみよう

配列は以下の書式で宣言します。

▶ 配列を使った書式

書式 **let 配列名 = [要素1, 要素2, 要素3...]**
または
let 配列名 : [データ型] = [要素1, 要素2, 要素3...]

概要 これから使用する配列の宣言と、最初に入れる要素を指定する。要素は[]の中にカンマ(,)で区切って必要な分だけ入れることができる

パラメータ 配列名　要素を入れる配列の名前
要素n　配列に入れるデータ
※letではなくvarで宣言しても構いません

リスト4-15に配列の宣言例を示します。fruitという配列には、「リンゴ」「ミカン」「バナナ」という要素を、sujiという配列には1,2,3,4,5という要素を入れています。

リスト4-15 配列の宣言例

```
001: let fruit = ["リンゴ","ミカン","バナナ"]
002: let suji = [1,2,3,4,5]
```

それでは配列から値を取り出してみましょう。配列のデータを取り出すには「配列名[要素番号]」のように書きます。要素番号は0から始まるので、先頭のデータを取り出したい場合は「配列名[0]」のように書きます。配列の要素数を超えた要素番号を指定するとエラーになるので注意しましょう。

リスト4-15で宣言した配列から要素を取得する例をリスト4-16に示します。

リスト4-16 配列の要素を取得して表示する例

```
001: print(fruit[0]) // "リンゴ"を取り出して表示
002: print(fruit[2]) // "バナナ"を取り出して表示
003: print(suji[2])  // "3"を取り出して表示
004: //print(suji[5])  // 要素番号が5は存在しないのでエラーになる
```

今度は、配列の要素数を取得してみましょう。配列に要素がいくつ入っているかを調べるにはcountというプロパティを使います。プロパティについては詳しくは**CHAPTER 5**で説明します。ここではデータ型に、はじめから備わっている機能とだけ覚えておいてください。

リスト4-15で宣言した配列の要素数を取得する例をリスト4-17に示します。

2行目と3行目でそれぞれの配列のcountプロパティで要素数を取得して、6行目と7行目で表示をしています。

リスト4-17 **配列の要素数を取得して表示する例**

```
001:  // 要素数を取得する
002:  let fruitCount = fruit.count
003:  let sujiCount = suji.count
004:
005:  // 取得した要素数の表示
006:  print("fruitの要素数は\(fruitCount)個です")    // fruitの要素数は3個です
007:  print("sujiの要素数は\(sujiCount)個です")      // sujiの要素数は5個です
```

今度は、配列の任意の要素を書き換えてみましょう。

先ほどの配列fruitの要素である「ミカン」を「イチゴ」に変更したい場合はリスト4-18のようにします。

書き換えが必要な配列変数はvarで宣言する必要があります（1行目）。また、すでに配列に入っている値を書き換える場合は、「配列名［要素番号］＝変更後の値」の様に書きます。「ミカン」の要素番号は1ですので、6行目のように新しい値を代入することで書き換えることができます。

リスト4-18 **要素の書き換え例**

```
001:  var fruit = ["リンゴ","ミカン","バナナ"]     // 書き換えができるようにvarで宣言
002:
003:  // 変更前の値を表示
004:  print(fruit[1])
005:  // ミカンをイチゴに変更
006:  fruit[1] = "イチゴ"
007:  // 変更後の値を表示
008:  print(fruit[1])
```

● 配列要素の追加と削除

続いて既存の配列に、要素を追加したり削除したりする方法について学習しましょう。

要素を追加するにはappendかinsertという機能を追加します。appendやinsertは配列にあらかじめ備わっている機能で、このような機能のことをメソッドと呼びます。メソッドについては**CHAPTER 6**で詳しく学びます。

appendは配列の最後に要素を追加し、insertは配列の途中に要素を挿入するメソッドです。

▶ 配列要素の追加

書式 **配列名.append(追加する要素)**

概要	配列の最後に要素を追加する
パラメータ	**追加する要素**　配列の最後に追加する要素

▶ 配列要素の削除

書式 **配列名.insert(挿入する要素, at : 挿入位置の要素番号)**

概要	配列の途中に要素を挿入する	
パラメータ	**挿入する要素**	配列の途中に挿入する要素
	挿入位置の要素番号	要素を挿入する位置の要素番号

リスト4-19は、既存の配列の最後に「イチゴ」を追加し、要素番号1の位置に「ブドウ」を挿入する例です。最終的に配列fruitは、リンゴ、ブドウ、ミカン、バナナ、イチゴになります。

リスト4-19 要素の追加例

```
001: var fruit = ["リンゴ","ミカン","バナナ"]
002:
003: // 配列の最後に「イチゴ」を追加
004: fruit.append("イチゴ")
005: // 要素番号が1の場所に「ブドウ」を挿入
006: fruit.insert("ブドウ", at: 1)
007: // fruitの全要素を表示
008: print(fruit)
```

● 配列の削除

今度は配列の削除について学習しましょう。すべての要素を削除するにはremoveAllというメソッドを、最後の要素を削除するにはremoveLastというメソッドを、任意の位置の要素を削除するにはremoveというメソッドを使用します。

配列の削除

書式 **配列名.removeAll()**

概要 配列のすべての要素を削除する

書式 **配列名.removeLast()**

概要 配列の最後の要素を削除する

書式 **配列名.remove (挿入する要素, at : 挿入位置の要素番号)**

概要 配列の途中に要素を挿入する

パラメータ
挿入する要素 配列の途中に挿入する要素
挿入位置の要素番号 要素を挿入する位置の要素番号

リスト4-20に要素を削除する例を示します。

3行目でremoveLastメソッドを使用すると、最後の要素である「バナナ」が削除されて、要素は「リンゴ」と「ミカン」の2つになります。

6行目でremove(at：1)を実行すると、1番目の要素「ミカン」が削除されて、要素は「リンゴ」のみになります。

9行目でremoveAllメソッドを実行すると、すべての要素が削除されます。

リスト4-20 要素を削除する例

```
001: var fruit = ["リンゴ","ミカン","バナナ"]
002:
003: fruit.removeLast()  // 「バナナ」を削除
004: print(fruit.count)  // 要素数「2」が表示される
005:
006: fruit.remove(at: 1) // 「ミカン」を削除
007: print(fruit.count)  // 要素数「1」が表示される
008:
009: fruit.removeAll()   // すべての要素を削除
010: print(fruit.count)  // 要素数「0」が表示される
```

◎ 辞書

配列の使い方について理解できたら、今度は辞書について学習しましょう。

私たちが普段使用する辞書は、見出しから目的の言葉を探しますよね。ここで学習する辞書も、普段使用する辞書のように、見出し（キー）を使って値（バリュー）を扱うことができるようにするものです。

Swiftで使用する辞書はDictionary（ディクショナリ）と呼び、キーとバリューのペアを複数持つことができます。

例えば、フルーツというDictionaryで「リンゴは100円」「ミカンは50円」「バナナは180円」というデータを管理したい場合は、「キー：リンゴ、バリュー：100」「キー：ミカン、バリュー：50」「キー：バナナ、バリュー：180」というペアで扱うことができます。このようなデータで「キーがミカンの値（バリュー）を取得したい」とすると「50」を取得することができるようになります（図4-8）。ただし、1つのDictionaryの中でキーは重複できないというルールがあるので覚えておきましょう。

図4-8 Dictionaryのイメージ

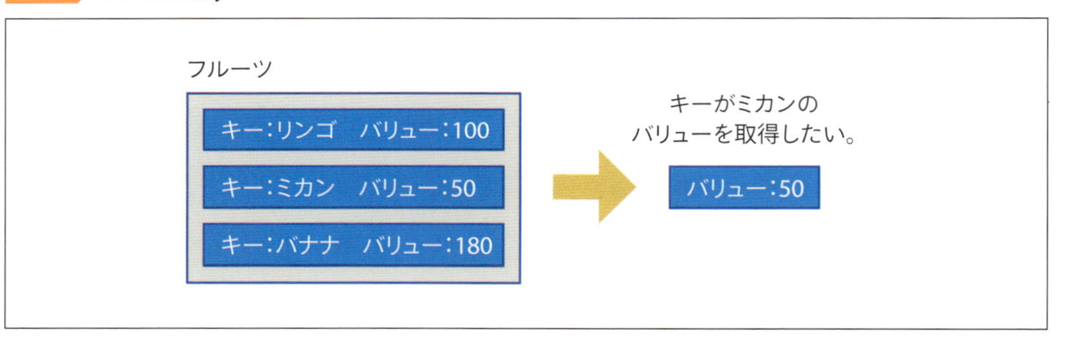

◎ 辞書（Dictionary）を使ってみよう

辞書（Dictionary）は以下の書式で宣言します。

▶ 辞書

書式 **let 辞書名 = [キー1 : 値1, キー2 : 値2, キー3 : 値3, ...]**
または
let 辞書名 : [キーのデータ型 : 値のデータ型] = [キー1 : 値1, キー2 : 値2, キー3 : 値3, ...]

概要 使用する辞書（Dictionary）の宣言と最初に入れるキーと値（バリュー）を指定する。キーと値のペアは [ ] の中にカンマ（,）で区切って必要な分だけ入れることができる

パラメータ
辞書名　キーと値のペアを入れる辞書の名前
キーn : 値n　辞書に入れるキーと値のペア
※ letではなくvarで宣言しても構いません

リスト4-21にDictionaryの宣言例を示します。

fruitというDictionaryには、「"リンゴ"：100」「"ミカン"：50」「"バナナ"：180」というキーと値のペアを入れています。またawardには「1："アカデミー賞"」「2："ノーベル賞"」「3："芥川賞"」というキーと値のペアを入れています。このようにキーは文字列も数値も使用できることがわかります。

リスト 4-21 Dictionaryの宣言例

```
001: var fruit = ["リンゴ":100, "ミカン":50, "バナナ":180]
002: var award = [1:"アカデミー賞", 2:"ノーベル賞", 3:"芥川賞"]
```

それではDictionaryから値を取り出してみましょう。Dictionaryからキーを指定して値を取り出すには「辞書名[キー]」のように書きます。また指定したキーの値を書き換えるには「辞書名[キー] = 変更後の値」のように書きます。存在しないキーを指定するとエラーになるので注意しましょう。

リスト4-21で宣言した辞書から値を取り出したり書き換えたりする例をリスト4-22に示します。

リスト4-22 値の取り出しと書き換えの例

```
001: // キー「ミカン」の値を表示
002: print(fruit["ミカン"])
003: // キー「ミカン」の値の書き換え
004: fruit["ミカン"] = 70
005: // キー「ミカン」の書き換え後の値を表示
006: print(fruit["ミカン"])
007:
008: // キー「3」の値を表示
009: print(award[3])
010: // キー「3」の値の書き換え
011: award[3] = "グラミー賞"
012: // キー「3」の書き換え後の値を表示
013: print(award[3])
```

2行目は、キー「ミカン」の書き換え前の値を表示します。よって「50」が表示されます。

4行目は、キー「ミカン」の値を「70」に書き換え6行目で書き換え後の値を表示しています。よって「70」が表示されます。

9行目はキーが「3」の書き換え前の値を表示します。よって「芥川賞」が表示されます。

11行目は、キーが「3」の値を「グラミー賞」に書き換え13行目で書き換え後の値を表示しています。よって「グラミー賞」が表示されます。

◎ 辞書の要素数を取得しよう

今度はDictionaryの要素数を取得してみましょう。要素数は、配列のときと同様にcountプロパティを使用して取得します（リスト4-23）。2行目と3行目でそれぞれのDictionaryの要素数を取得して、6行目と7行目で表示をしています。

リスト4-23 Dictionaryの要素数を取得して表示する例

```
001: // 要素数を取得する
002: let fruitCount = fruit.count
003: let awardCount = award.count
004:
005: // 取得した要素爽雨の表示
006: print("fruitの要素数は\(fruitCount)です")
007: print("awardの要素数は\(awardCount)です")
```

◎ Dictionaryの追加と削除

Dictionaryは配列とは異なり要素番号はありません。要素は「辞書名［新しいキー］＝追加する値」のようにして追加します。

リスト4-24でDictionaryへの要素の追加方法を見てみましょう、fruitには、キーが「ブドウ」で値が250のデータとキーが「スイカ」で値が980のデータを追加しています。またawardには、キーが4で値が「グラミー賞」のデータを追加しています。

リスト4-24 Dictionaryへの要素の追加例

```
001: var fruit = ["リンゴ":100, "ミカン":50, "バナナ":180]
002: var award = [1:"アカデミー賞", 2:"ノーベル賞", 3:"芥川賞"]
003:
004: fruit["ブドウ"] = 250
005: fruit["スイカ"] = 980
006: award[4] = "グラミー賞"
```

続いて、Dictionaryから特定の要素を削除する方法を見ていきましょう。キーを指定して要素を削除するにはremoveValueメソッドを、すべての要素を削除するにはremoveAllメソッドを使用します。

▶ キーを指定して要素を削除する

書式 辞書名.removeValue(forKey：キー)

概要 指定したキーの要素を削除する

パラメータ キー　削除したい要素のキー

▶ すべての要素を削除する

書式 辞書名.removeAll()

概要 すべての要素を削除する

リスト4-25に辞書から要素を削除する例を示します（図4-9）。4行目はfruitからキーが「ミカン」の要素を削除します。よってfruitには「"リンゴ"：100」と「"バナナ"：180」が残ります。5行目はawardに対してremoveAllメソッドを使用していますので、すべての要素が削除されます。7行目でawardを表示してみると、結果は「[：]」になっていることがわかります。この「[：]」はDictionaryの中身が空であることを示しています。

リスト4-25 要素を削除する例

```
001: var fruit = ["リンゴ":100, "ミカン":50, "バナナ":180]
002: var award = [1:"アカデミー賞", 2:"ノーベル賞", 3:"芥川賞"]
003:
004: fruit.removeValue(forKey: "ミカン")
005: award.removeAll()
006: print(fruit)
007: print(award)
```

図4-9 リスト4-25の実行結果

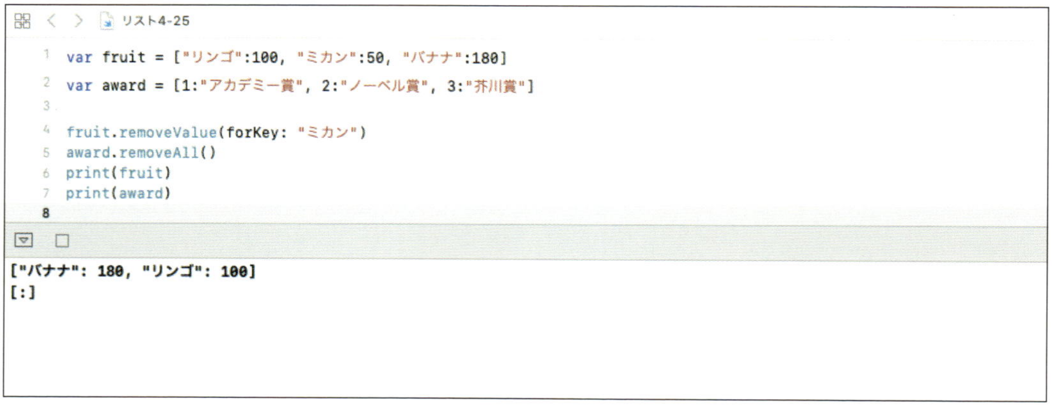

```
リスト4-25
1 var fruit = ["リンゴ":100, "ミカン":50, "バナナ":180]
2 var award = [1:"アカデミー賞", 2:"ノーベル賞", 3:"芥川賞"]
3
4 fruit.removeValue(forKey: "ミカン")
5 award.removeAll()
6 print(fruit)
7 print(award)
8

["バナナ": 180, "リンゴ": 100]
[:]
```

SECTION 04

繰り返し処理でコレクションを操作しよう

配列や辞書といったコレクションには、多くのデータを格納することができます。しかし、1つずつデータを追加したり取り出したりするのは大変です。ここでは、すでに学んだ繰り返し処理を使用してコレクションを操作する方法について学習しましょう。

◎ 繰り返し処理でコレクションにデータを格納してみよう

コレクションには多くのデータを格納することができます。しかし、1～50までの値を格納するとなると、宣言時に50個の値を書いて初期化する必要がありますよね。このような場合に備えて、swiftでは空の配列を作成して後から要素を追加することもできます。空の配列は以下の書式で作成することができます。

▶ 空の配列

書式 **var 配列名：[データ型] = []**

概要 配列を空の状態で宣言する

空の配列を作成してfor～in文を使用すると、宣言時に50個の値を書かずに配列に値を格納することができます。リスト4-26に例を示します。

1行目では、Int型のsujiという空の配列を宣言しています。3行目のfor～in文で50回の繰り返し処理を行い、4行目でsujiに値を追加しています。これによりsujiには1～50の値が格納されます。

このように繰り返し処理と組み合わせることで、簡単にデータを追加することができます。

リスト4-26 for～in文を使用して値を格納する例

```
001:  var suji:[Int] = []
002:
003:  for i in 1...50 {
004:      suji.append(i)
005:  }
```

◎ 繰り返し処理でコレクションからデータを取得してみよう

繰り返し処理を使用してたくさんのデータを追加することができました。今度は、繰り返し処理を使用して、コレクションのデータすべてを表示する方法を見てみましょう。

for～in文は以下の書式を使用すると、コレクションからすべての値を1つずつ取り出すことができます。

inキーワードの右側には取り出し元のコレクションを記述し、左側には取り出した値を格納する変数を記述します。1回繰り返しを行うごとにコレクションから値を1つ取り出して変数に格納します。繰り返し処理は、最後の値を取り出すまで行われます。

▶ for～in文によるコレクションデータの取得

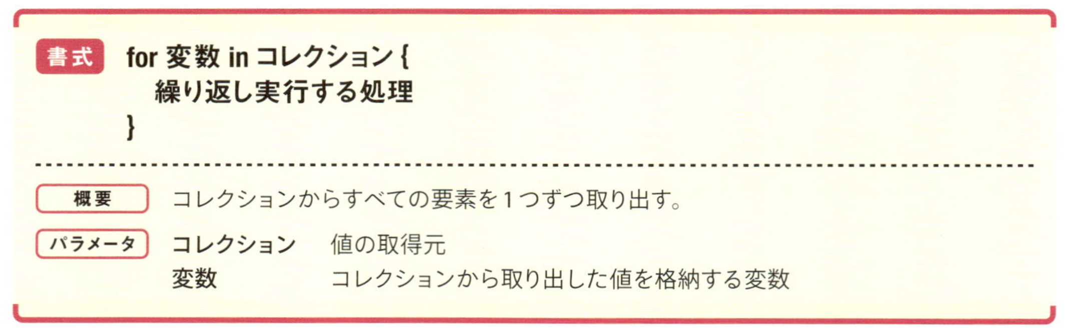

書式 for 変数 in コレクション {
　繰り返し実行する処理
}

概要 コレクションからすべての要素を1つずつ取り出す。

パラメータ
コレクション　値の取得元
変数　コレクションから取り出した値を格納する変数

それではコレクションからすべての要素を取得して表示する例を見てみましょう（リスト4-27）。

1～6行目まではリスト4-26と同じです。9～11行目は50個の値が格納されているsujiから1つずつ値を取り出して50個の値すべてを表示するというfor～in文です。1回繰り返し処理をするごとに1つの値を取り出します。なくなるまで取り出し処理が行われますので結果として50回の繰り返し処理が行われます。

リスト4-27 配列変数から全てのデータを取り出す例

```
001: var suji:[Int] = []
002:
003: // 50個の値を格納
004: for i in 1...50 {
005:     suji.append(i)
006: }
007:
008: // sujiからすべての値を取り出して表示する
009: for atai in suji {
010:     print(atai)
011: }
```

◎ すべての要素をチェックしよう

配列にはallSatisfyという機能があり、全要素に対して指定した条件を満たすかどうかを確認することができます。

例えば、配列sujiに2,4,6,8という数値が入っていて、すべての値が偶数かどうかを調べることができます（リスト4-28）。

リスト4-28 すべての要素が偶数かどうかをチェックする

```
001: var suji = [2,4,6,8]
002:
003: let kekka = suji.allSatisfy {$0 % 2 == 0}
004: print(kekka)
```

1行目は配列sujiに2,4,6,8を代入しています。

3行目は、allSatisfyで配列に格納されているすべての値が偶数かどうかを判断しています。判断する条件式は{}の中に書きます。{}の中は要素の分だけ繰り返し実行されますので、4回判断処理が行われます。

すべての要素が条件式を満たした場合はkekkaにtrueが代入されます。また、1つでも条件式を満たさない場合はfalseが代入されます。条件式「$0 % 2 == 0」の「$0」には、配列の要素（つまり2, 4, 6, 8）が順番に渡されますので、はじめは「2 ÷ 2」が0と等しいかをチェックします（2で割った結果が0であれば偶数です）。これをすべての要素に対して行い、条件式が満たされるかどうかを判断します。

● 繰り返し間隔の指定

様々な繰り返し処理について説明しましたが、もう1つ紹介します。実はfor in文にはもう一つの使い方があり、以下の書式で使用すると変数の値が「間隔」で指定した値ずつ増やしながら繰り返し処理をすることができます。

▶ 繰り返し間隔の指定

書式

```
for 変数 in stride(from : 開始値, to : 終了値, by : 間隔) {
  // 繰り返しで実行したい処理
}
```

例えば「for x in stride(from : 1, to : 10, by : 3)」とすると、変数xの値は1, 4, 7のように3ずつ増えながら繰り返し処理を行います（リスト4-28、図4-10）。

リスト4-29 繰り返し間隔の指定したループ例

```
001:  for x in stride(from: 1, to: 10, by: 3) {
002:      print(x)
003:  }
```

図4-10 リスト4-29の実行結果

```
リスト4-29
1  for x in stride(from: 1, to: 10, by: 3) {
2      print(x)
3  }

1
4
7
```

CHAPTER

5

よく利用する処理をまとめよう

SECTION 01

関数を作成しよう

長いプログラムを作成すると、何度も同じ処理を実行したい場合があります。同じ処理はひとつにまとめて再利用することができます。ここでは、処理をまとめる方法と再利用する方法について学習しましょう。

◎ 関数について理解しよう

「関数」というと、中学や高校の数学で学ぶ公式などが思い浮かぶのではないでしょうか？

冒頭でも述べたとおり、何度も使用する処理はひとつにまとめることができ、これを関数と呼びます。

実は、すでに皆さんは1つの関数を知っています。それは、これまでの例で何度も使用してきた「print」です。printはSwiftがあらかじめ用意している関数で、与えられた変数や値を表示するという機能を持っています。print関数は1行書くだけで実行できますが、実際には内部で様々な処理を行っています。

このように何度も利用するような処理は関数としてまとめ、再利用することができます。

例えば、乱数（ある範囲から任意に取り出した数値）を求めて表示するという処理を2回実行したいとしましょう（図5-1）。

これまでに学んだ知識でコードを書く場合は図5-1のようになります。「乱数を求める」と「求めた乱数を表示する」という処理を2回書いています。コードにするとリスト5-1のようになります。

図5-1 同じ処理の実行

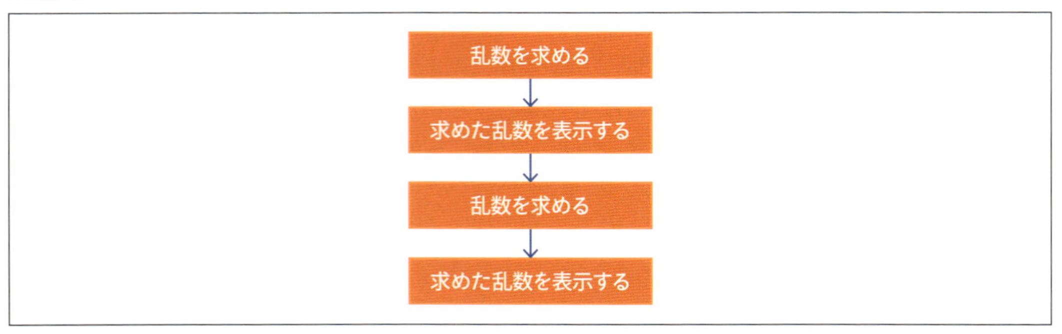

リスト 5-1 ランダムな数を2回生成する例

```
001:  var num = 0
002:
003:  num = Int.random(in: 1...10)
004:  print(num)
005:  num = Int.random(in: 1...10)
006:  print(num)
```

3行目が乱数を求めるコードで、4行目が求めた乱数を表示するコードです。同様にして5,6行目を実行することで、「乱数を求める」と「求めた乱数を表示する」を2回実行しています。

Int.randomは整数の乱数を求めるもので()の中に「in：1...10」と記述すると、1〜10の中から任意の値が選ばれます。

◎ 関数を定義してみよう

処理を1つにまとめて利用できるようにするには、関数として定義する必要があります。定義方法は用途によって複数ありますので、はじめに最もシンプルな定義方法を確認しましょう。

▶ 関数定義

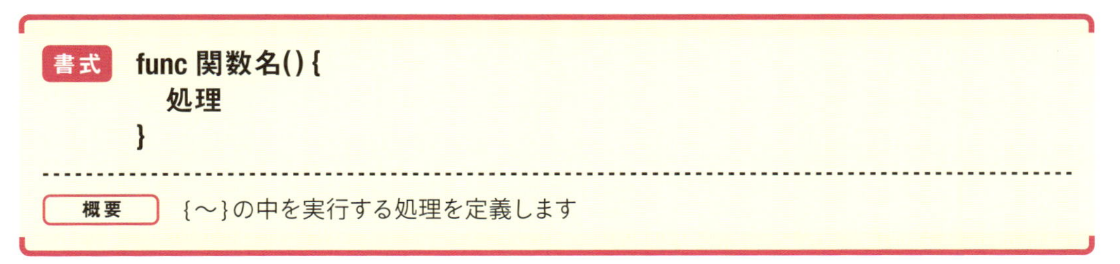

関数を定義するにはキーワードfuncを使用します。funcは、関数を表す英単語functionを短縮したものです。{〜}の中には、関数が呼び出されたときに実行する処理を書きます。

「乱数を求める」と「求めた乱数を表示する」をまとめて関数にすると図5-2のようになります。

図5-2 関数にまとめた例

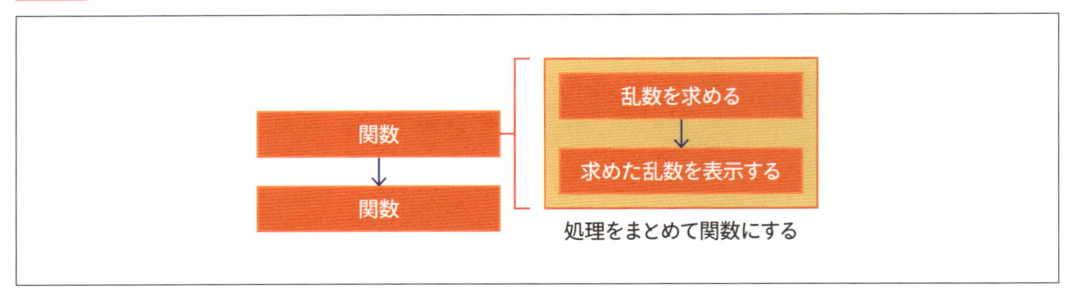

上記を理解できたら、先ほどのリスト5-1の3、4行目をまとめて関数にしてみましょう。関数名をprintRandとして定義する例をリスト5-2に示します。

リスト5-2 関数の定義例

```
001:  /*
002:   * 乱数を生成して表示する
003:   */
004: func printRand() {
005:     let num = Int.random(in: 1...10)
006:     print(num)
007: }
```

4行目以降で関数printRandを定義し、{}の中に「乱数を求める処理」と「求めた乱数を表示する処理」を入れています。

関数を定義しましたが、実行しても乱数は表示されません。

コードに誤りがあるのではあるのではなく、print関数と同様に使用したい場面で呼び出す必要があります。

それでは、作成したprintRand関数を実際に呼び出して使ってみましょう（リスト5-3）。

リスト5-3 定義した関数を使用する例

```
001: func printRand() {
002:     let num = Int.random(in: 1...10)
003:     print(num)
004: }
005:
006: printRand()
007: printRand()
```

1～4行目まではリスト5-2と同じです。定義したprintRand関数は6行目と7行目で使用しています。

すでに学習したとおり、プログラムは上から順番に実行されます。よって、最初に1〜4行目のprintRand関数の定義が読み込まれます。

続いて6行目でprinRand関数を呼び出しています。プログラムが6行目に到達すると、1行目のprintRand関数が呼び出されて、2,3行目を実行し、7行目に移動します。
7行目に到達した場合も同様で、1〜4行目のprintRand関数を呼び出して実行します。このように、関数は1度定義してしまえば、何度でも呼び出して使用することができます。

次に、1〜10の乱数ではなく1〜20の範囲の乱数を生成したい場合を考えてみましょう（リスト5-4）。

リスト5-4 乱数の範囲を変更する例

```
001:  func printRand() {
002:      let num = Int.random(in: 1...20)  // この行のみ修正
003:      print(num)
004:  }
005:
006:  printRand()
007:  printRand()
```

最初に示したリスト5-1でこの変更をする場合は、2箇所の「Int.random(in：1...10)」を「Int.random(in：1...20)」に修正する必要がありますが、関数にまとめたことで修正箇所は1カ所のみになります。

このように何度も使用する処理は、関数にまとめることで完結に記述することができ、修正箇所も少なくなるというメリットがあります。

◎ 変数の有効範囲

自分で作成した関数の中でも変数や定数を宣言して利用することができます。

例えば先ほどのprintRandは、関数の中でnumという定数を使用しています。

しかし、関数の中で宣言した変数や定数は、どこでも使用できるというわけではありません。使用可能な範囲は関数に限らず、変数や定数が宣言された{}の中のみになります。これを変数の有効範囲またはスコープと呼びます。

例えば図5-3の変数xは一番外側の{}の中で宣言をしています。このことから変数xのスコープは一番最後の「}」までになりますので、内側にあるif文の{}の中でも使用することができます。一方変数yは、if文の{}の中がスコープになります。

図5-3 変数の有効範囲（スコープ）

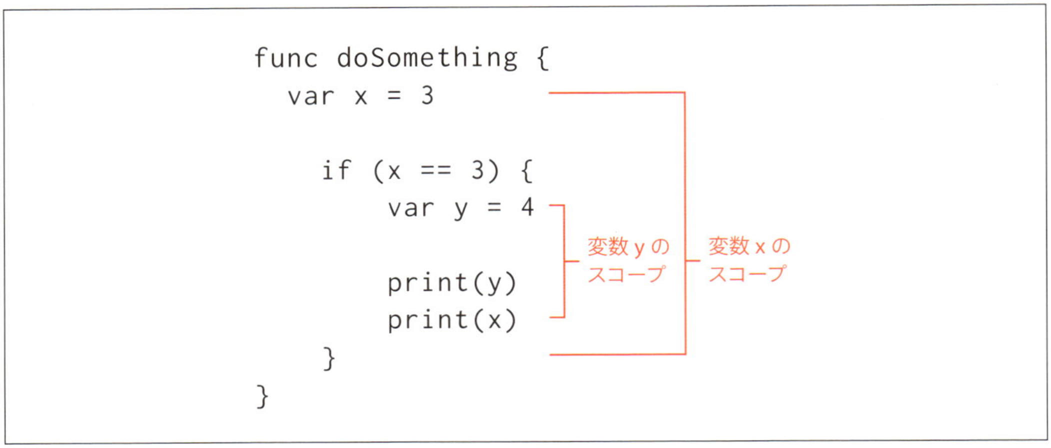
func doSomething {
var x = 3
if (x == 3) {
var y = 4
print(y)
print(x)
}
}
変数yのスコープ
変数xのスコープ

リスト5-5に有効範囲を無視して定数を利用した例を示します。

2行目の定数numは関数の中で宣言されています。よってnumのスコープは関数の{}の中だけです。しかし、それを無視して6行目でnumを使用していますね。6行目のnumは定義されていないと見なされてエラーになるので注意しましょう。

リスト5-5 有効範囲を無視して定数を利用した例

```
001: func printRand() {
002:     let num = Int.random(in: 1...10)
003:     print(num)
004: }
005:
006: print(num)  // この行はエラーになります
```

SECTION 02

値を受け取る関数を作ってみよう

「01　関数を作成しよう」では、基本的な関数を定義する方法と呼び出して使用する方法について学びました。このほかに、関数は呼び出し側から値を受け取って内部で利用することができます。ここでは、値を受け取る関数について学習しましょう。

◎ 値を受け取る関数

すでに学んだprint関数は、()の中に値を渡すことができました。

この()の中に入れる値のことを「引数（ひきすう）」と呼びます。

例えば「print("Swiftは楽しい")」とすると、「Swiftは楽しい」と表示されますよね。この場合は「Swiftは楽しい」が引数です。

引数がある関数は、受け取った引数を関数内部で使用することができますので、場面に合った動作をさせることができます。引数が1つある関数は、以下の書式で定義することができます。

▶ 引数が1つある関数

書式

```
func 関数名(引数名 : データ型) {
    処理
}
```

概要　引数を受け取って{〜}の中を実行する

リスト5-6に引数のある関数の例を示します。

この例では、引数nameで受け取った名前を使用して挨拶を表示します。

リスト5-6 引数のある関数の例

```
001: func sayHello(name: String) {
002:     let msg = "こんにちは\(name)さん"
003:     print(msg)
004: }
005:
006: sayHello(name: "高橋")
```

1～4行目までが関数の定義です。挨拶を表示する関数なので、関数名はsayHelloとしました。

引数は「名前」を文字列で受け取るので、「name：String」としています。このコロン（：）で区切る方法は、変数や定数の宣言時にデータ型を指定する方法と同じです。

2行目は、引数で受け取ったnameを使用して挨拶文を作成し、3行目で表示しています。

この例で示したように、引数は関数内部で変数として使用することができます。

6行目が、定義した関数sayHelloを使用している部分です。()には「引数名：値」のように記述して関数に値を渡します。ここでは「name："高橋"」と記述してsayHelloを呼び出していますので、「こんにちは高橋さん」が表示されることになります。

◎ 複数の引数がある関数

次に、複数の引数がある関数の定義方法を学習しましょう。

書式は以下の通りで、カンマで区切ることで複数の引数を指定することができます。

▶ 複数の引数がある関数

書式

```
func 関数名(引数名1：データ型1 [,引数名2：データ型2, ... 引数名n：データ型n]) {
    処理
}
```

概要 引数を受け取って{～}の中を実行する

それでは、複数の引数を持つ関数を作成してみましょう。

ここでは、引数に「底辺」と「高さ」を与え、三角形の面積を計算して表示する関数を作成します（リスト5-7）。

リスト5-7 三角形の面積を求める関数の定義例

```
001: func getTriangleArea(base: Double, height: Double) {
002:     // 受け取った引数から三角形の面積を求める
003:     let area = base * height / 2.0
004:     // 求めた面積を表示する
005:     print("\(base) × \(height) ÷ 2 = \(area)")
006: }
```

関数名はgetTriangleAreaで、底辺を表すbaseと高さを表すheightの2つの引数を持たせています。

関数内部の3行目で、受け取った引数を使用して三角形の面積を求め、5行目で計算式を表示しています。

次に、定義した関数を呼び出す方法を見てみましょう（リスト5-8）。

複数の引数を持つ関数を呼び出す際は、引数は「引数名:値」のように書きます。例えば1行目は「base：3」と「height：6」としていますので、底辺に3を高さには6を渡していることがわかりますね。

リスト5-8 複数の引数を持つ関数の呼び出し例

```
001: getTriangleArea(base: 3, height: 6)
002:
003: getTriangleArea(base: 2, height: 5)
```

5 よく利用する処理をまとめよう

◎ 引数の初期値

引数には初期値を設定することができます。初期値を設定しておくと、引数を省略して呼び出すことができるようになります。関数を呼び出す際に引数が省略された場合は、あらかじめ設定しておいた初期値が使用されます。

引数に初期値を設定する場合は、以下の書式を使用します。

▶ 引数に初期値を設定

書式
```
func 関数名(引数名1：データ型1 = 初期値) {
    処理
}
```

概要 引数を受け取って{～}の中を実行する。引数が省略された場合は、初期値を使用する

リスト5-9に引数に初期値を設定した関数の例を示します。

sayHelloは引数に与えられた挨拶を表示する関数です。

1行目を見ると、引数msgに初期値「Hello」が設定されていることがわかります。

5行目のように、引数を省略して関数を呼び出すと、sayHelloの引数msgには「Hello」が設定されるので、結果として「Hello」を表示します

6行目のように、引数msgに「こんにちは」を指定した場合は、初期値は使用されません。よって、「こんにちは」が表示されます。

関数を呼び出す際に、何度も同じ値を渡すような場面がある場合は、初期値を設定しておくかどうかを検討しましょう。

リスト5-9 引数に初期値を設定した関数の例

```
001: func sayHello(msg: String = "Hello") {
002:     print("挨拶を表示します")
003:     print(msg)
004: }
005:
006: sayHello()  // Helloを表示
007: sayHello(msg: "こんにちは")  //「こんにちは」を表示
```

SECTION 03

値を返す関数を作ってみよう

これまでに学んだ関数は、呼び出すとその関数内部で処理が完結していました。このほかに、関数の内部で何かしらの処理を行い、呼び出し元に値を返す関数を作成することができます。ここでは、値を返す関数の作成方法について学習しましょう。

◎ 戻り値のある関数

関数は、大きく分けると2種類あります。1つは、print関数のように処理を実行して終了するもの、もう1つはInt.randomのように、処理を実行して何らかの値を呼び出し元に返すものです。

例えば図5-3のprint関数は、実行すると「ABC」の文字列を表示して処理を終了しますが、Int.randomは与えられた引数を元に乱数を生成して、呼び出し元に返します。

図5-4 関数の種類

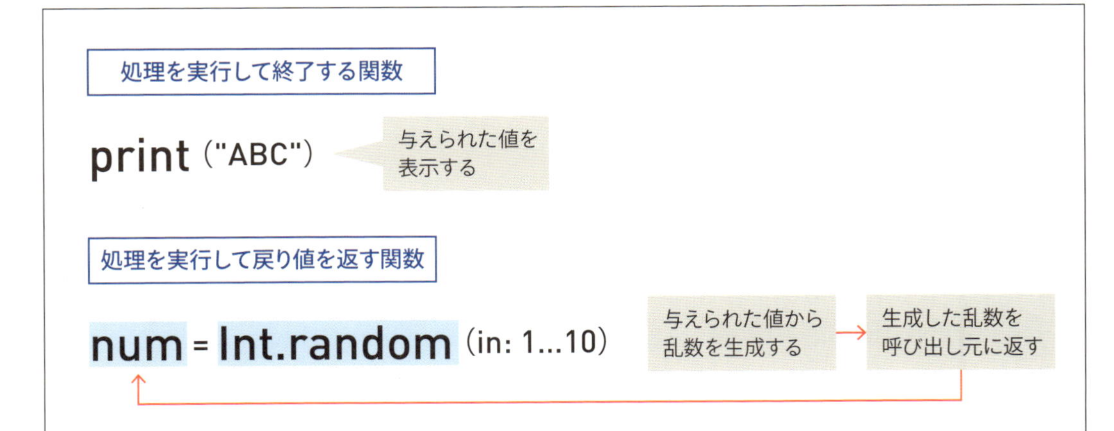

Int.randomのように、処理を実行した後に返す値を戻り値と呼びます。

戻り値を返す関数を作成することで、関数内で処理した結果を呼び出し元で受け取ることができるようになります。

戻り値を返す関数の書式を以下に示します。関数名の後ろには「->」の記号を書き、その後ろに戻り値の型を書きます。例えば、整数を戻り値として返す場合は「Int」、文字列を返す場合は「String」とします。関数の中では、戻り値を返したいタイミングでreturnキーワードを使用して、呼び出し元に返す値を指定します。

▶ 戻り値を返す関数

書式
```
func 関数名() -> 戻り値の型 {
    処理
    return 戻り値
}
```

概要 {～}の中を実行し、呼び出し元に値を返す関数を定義する

戻り値を返す関数の書式を理解できたら、実際にサンプルプログラムを作成してみましょう。

ここでは三角形の面積を求めて返す関数を作成します（リスト5-10）。

リスト5-10 三角形の面積を求めて返す関数の例

```
001: func getTriangleArea(base: Double, height: Double) -> Double {
002:     // 受け取った引数から三角形の面積を求める
003:     let area = base * height / 2.0
004:
005:     return area
006: }
007:
008: // 作成した関数で乱数を求める
009: let area = getTriangleArea(base: 3, height: 5)
010: // 求めた面積を表示
011: print("面積は\(area)です")
```

1～6行目までが関数の定義です。

1行目の戻り値の型を「Double」としていることから、小数の値を返す関数であることがわかります。

3行目で、受け取った引数baseとheightを使用して三角形の面積を計算しています。

5行目はreturnキーワードを使用して、求めた面積を呼び出し元に返しています。

9行目で関数getTriangleAreaを呼び出しています。計算した三角形の面積が返されますのでareaに代入をし、11行目で表示をしています。

COLUMN 関数ラベル

関数ラベルとは、関数を呼び出すときに指定する引数の名前のことを指します。例えばリスト5-10はbaseとheightが引数名です。

関数を呼び出すときには、

```
let area = getTriangleArea(base: 3, height: 5)
```

のように毎回baseやheightを書かなければなりません。

実は、関数ラベルは省略することが可能です。省略する場合は、関数を定義するときに引数名の先頭に「_」をおいて、

```
getTriangleArea(_ base: Double, _ height: Double)
```

のように書きます。

このように関数を定義すると、「let area = getTriangleArea(3, 5)」のように関数ラベルを省略して呼び出すことができます。

安全な関数を作ろう

引数のある関数を使用する際、必ずしも正しい値が引数に渡されるとは限りません。例えば、受け取った引数で割り算をする関数があるとします。この関数の引数に0が渡されると、0での割り算はできないため、エラーが発生してしまいます。このようなエラーを発生させないように、安全な関数を作成する方法について学習しましょう。

◎ 引数の値をチェックしよう

冒頭でも述べたように、引数には有効な値が渡されるとは限りません。

例えば、リスト5-11に示す関数getNumは、x ÷ yを計算して結果を返す関数です。

5行目でgetNumを呼び出す際に、引数yに0を渡しています。関数内部で「10 ÷ 0」を計算するのですが、「Fatal error：Remainder of or division by zero」というエラーが発生します。このエラーは0の余りが発生したか0による除算を行った場合に発生するものです。

リスト5-11 受け取った引数によってエラーが発生する例

```
001: func getNum(x: Int, y: Int) -> Int {
002:     return x / y
003: }
004:
005: let ans = getNum(x: 10, y: 0)
```

エラーを発生させないようにするには、割り算をする前に引数の値が有効かどうかをチェックすれば解決できそうです。そこで、リスト5-12に示すようにif文で引数をチェックするようにしてみました。このようにすれば、エラーを発生させることなく関数を実行させることができますね。

リスト 5-12 引数のチェックを実施してエラーを発生しないようにする例

```
001: func getNum(x: Int, y: Int) -> Int {
002:     // 引数yの値が0の場合は0を返す
003:     if y == 0 {
004:         return 0
005:     }
006:     return x / y
007: }
008:
009: let ans = getNum(x: 10, y: 0)
```

if文で引数のチェックをしてもよいのですが、特定の条件に合致しない場合に処理を終了させることができるguard文というものが準備されています。

guard文の書式を以下に示します。

▶ guard文

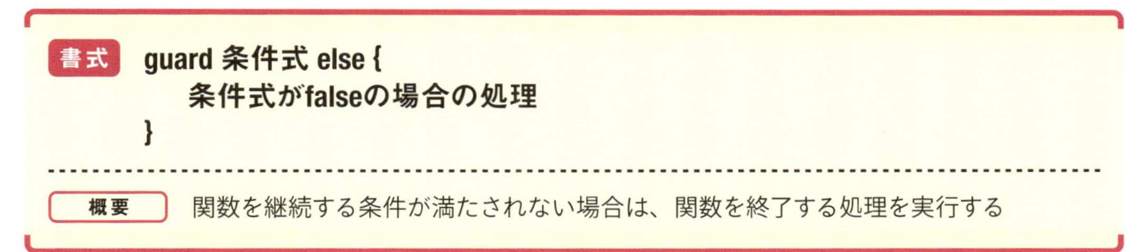

書式 guard 条件式 else {
　　条件式がfalseの場合の処理
}

概要　関数を継続する条件が満たされない場合は、関数を終了する処理を実行する

先ほどのリスト5-14は、guard文を使用してリスト5-13のように書き換えることができます。

guard文は、関数内部の先頭で使用する必要がありますので注意してください。

リスト 5-13 guard文の使用例

```
001: func getNum(x: Int, y: Int) -> Int {
002:     // 引数yの値が0以外の場合は関数の処理を継続する
003:     guard y != 0 else {
004:         return 0
005:     }
006:     return x / y
007: }
008:
009: let ans = getNum(x: 10, y: 0)
```

もう1つ例を見てみましょう。通常、オプショナル型の値をアンラップするには、変数の値がnilではないことを確認する必要があります。guard文を使用するとnilのチェックと同時にアンラップすることができます。リスト5-14では、受け取った引数msgがnilでないかをチェックして、nilでないと判断された場合は、myMsgにアンラップされた値が代入されます。

リスト5-14 gurad文でアンラップする例

```
001: func printMsg(msg: String?) {
002:     guard let myMsg = msg else {
003:         print("nilです")
004:         return
005:     }
006:     print(myMsg)
007: }
008:
009: printMsg(msg: "Hello!")
```

◎ 関数を抜ける前に必ず実行したい処理を書いてみよう

これまでに学んだように、関数は途中で終了する場合もありますし、最後の行まで実行して終了する場合もあります。ここでは、関数がどこで終了するとしても、最後に決まった処理をさせて終わらせたい場合の書き方を見ていきましょう。

リスト5-15は、与えられた引数の値に1.08を掛けて税込み価格を計算するというプログラムです。ただし、引数に与えられた値が100以下の場合は計算をしないで終了することとします。

関数calcTaxの2行目では、先ほど学習したguard文を使用して引数のチェックをしています。100以下の場合は「計算を終了します」を表示して、0を返しています。100より大きい値の場合は、7行目で税込み価格を計算します。8行目で「計算を終了します」を表示し、最後に税込み価格を返しています。

関数を抜ける前、つまりreturnが実行される前には、必ず「計算を終了します」を表示していることがわかります。このように、関数を抜ける前に決まった処理をさせたい場合があります。

リスト 5-15 税込み価格を計算する例

```
001: func calcTax(num: Double) -> Double {
002:     guard num > 100 else {
003:         print("計算を終了します")
004:         return 0
005:     }
006: 
007:     let taxNum = num * 1.08
008:     print("計算を終了します")
009:     return taxNum
010: }
011: 
012: let num = calcTax(num: 130.0)
013: print("税込価格=\(num)")
```

しかし、リスト5-17のように、関数を抜ける直前ごとに同じ処理を書くのは効率的ではありませんよね。そこで、defer文を使用すると最後に行いたい処理をまとめて書くことができます。

defer文の書式は以下の通りです。

▶ defer文

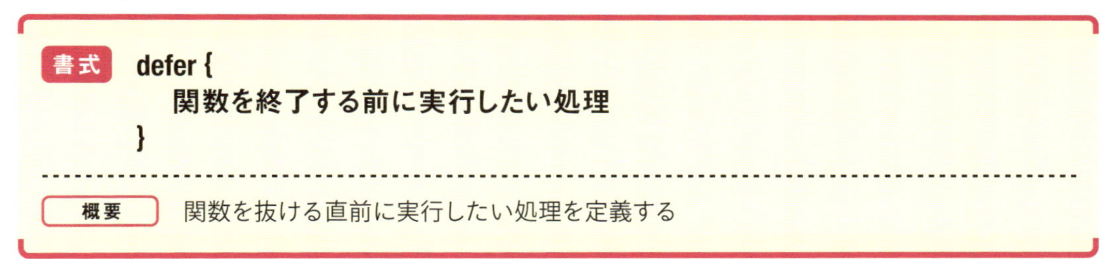

書式

```
defer {
    関数を終了する前に実行したい処理
}
```

概要　関数を抜ける直前に実行したい処理を定義する

defer文の書式を理解できたらリスト5-15を書き直してみましょう。リスト5-16に書き直した例を示します。

関数内部の先頭に（2行目）にdeferの定義があります。ここでは「print ("計算を終了します")」としていますので、関数を抜ける際に必ず「計算を終了します」が表示されるようになります。

14行目は引数に30を与えているので、関数calcTaxの7行目が実行されることになりますが、deferが定義されているので、「計算を終了します」を表示してから、関数の呼び出し元に0を返します。

16行目は引数に130を与えているので、10行目の税込み金額の計算を行います。最後に、「計算を終了します」を表示して呼び出し元に計算結果を返します。

このように、deferを使用することで、関数を抜ける前に実行させたい処理を定義することができます。

リスト5-16 defer文の使用例

```
001: func calcTax(num: Double) -> Double {
002:     defer {
003:         print("計算を終了します")
004:     }
005: 
006:     guard num > 100 else {
007:         return 0
008:     }
009: 
010:     let taxNum = num * 1.08
011:     return taxNum
012: }
013: 
014: let num1 = calcTax(num: 30)
015: print("税込価格=\(num1)")   // 税込価格=0.0
016: let num2 = calcTax(num: 130.0)
017: print("税込価格=\(num2)")   // 税込価格=140.4
```

deferは関数の中に複数書くこともできます（図5-4）。複数書いた場合には、最後に書かれたdefer文から順に実行されるので注意しましょう。

図5-5 deferの実行順序

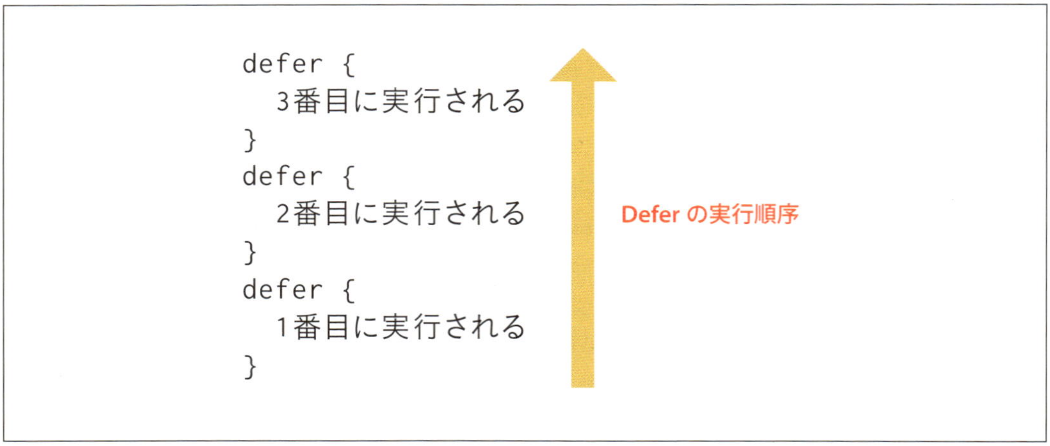

```
defer {
  3番目に実行される
}
defer {
  2番目に実行される
}
defer {
  1番目に実行される
}
```

Deferの実行順序

CHAPTER

6

データと処理をまとめよう

SECTION 01

オブジェクト指向を理解しよう

作成するアプリケーションの規模が大きくなるにつれて、取り扱う変数や作成する関数の数は増えていきます。ここでは、変数や関数を効率的に管理して利用できるようにするため、Swiftにおけるオブジェクト指向について理解し、クラスの作成方法について学習します。

◎ オブジェクト指向について理解しよう

Swift以外にも多くのプログラミング言語がありますが、読者の皆さんは、C++やJava、C#といったプログラミング言語をご存じでしょうか？Swiftも含め、これらのプログラミング言語はオブジェクト指向という種類のプログラミング言語です。

「オブジェクト（Object）」とは、日本語に訳すと「物（モノ）」という意味です。この「モノ」に注目してプログラミングを行うことをオブジェクト指向プログラミングと呼びます。

ではプログラミングの世界における「モノ」とは何を表しているのでしょうか？

これまでに、データは変数で管理し、処理は関数としてまとめることができるということについて学習しましたね。この変数と関数を、関係性のあるものでまとめたものをオブジェクトと呼びます。

たとえば、「会社員」を例に考えてみましょう。

会社員のデータとしては「氏名」、「社員番号」、「役職」、「性別」などがあり、動作（処理）としては、「出社する」、「退社する」、「働く」などがありますね（図6-1）。この場合は「会社員」というオブジェクト（データと処理のまとまり）に注目してプログラミングをすることが、オブジェクト指向プログラミングということになります。

図6-1 オブジェクトとは

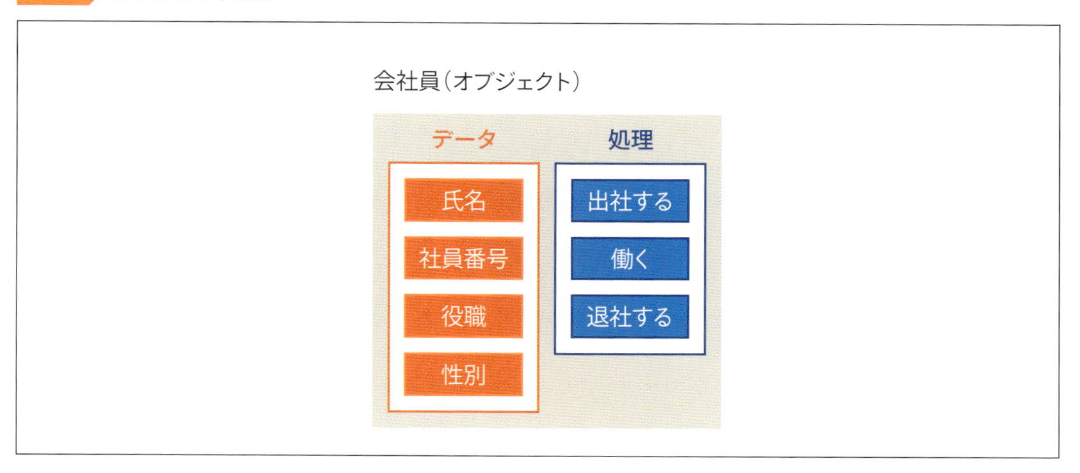

◎ クラスとは

オブジェクト指向プログラミングは、関係性のある変数と関数に注目してプログラミングをするということがわかりました。

Swiftでは、関係性のある変数と関数を入れる器のことをクラスと呼びます。また、クラスに入れる変数のことをプロパティと呼び、関数のことをメソッドと呼びます。プロパティとメソッドは総称してクラスメンバや単にメンバともいいます。

このほかに、クラスの初期化を担当するイニシャライザを定義することができます。

以上をまとめると、クラスは図6-4のように表すことができます。

図6-2 クラス

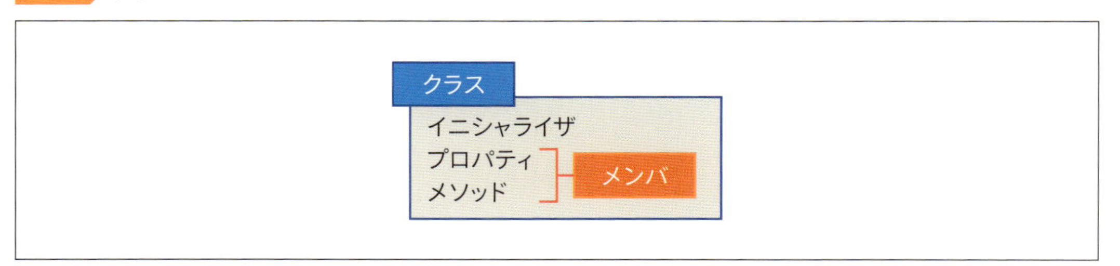

クラスは建築における設計図のようなものと考えることができます。

設計図だけがあっても、人は住むことができませんよね。また1枚の設計図があれば、青い家、赤い家、茶色い家のようにいくつでも建てることができますね。クラスも同様で、1つ定義することで複数の実物（プログラミング用語では実体と呼びます）を作成することができます。

例えば「社員クラス」を1つ作れば、「高橋さん」や「佐々木さん」といった社員をいくつでも作り出すことができます。「高橋さん」も「佐々木さん」も社員クラスを元にして作成するので、氏名、社員番号、役職、性別といったデータ（プロパティ）を持ち、出社したり、退社したり、働いたりすることができることになります。

図6-3 クラス＝設計図

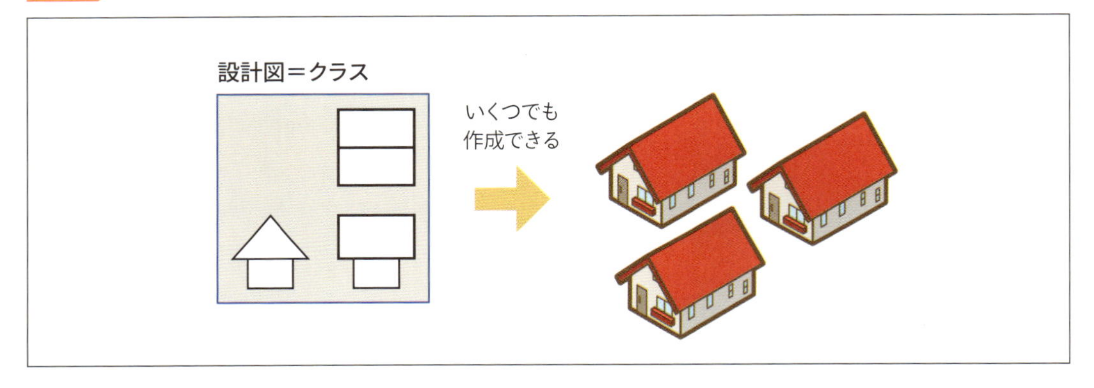

6

データと処理をまとめよう

SECTION 02

クラスを定義して使ってみよう

前節では、オブジェクト指向とクラスについて説明しました。ここでは、実際にクラスを定義し、イニシャライザ、プロパティ、メソッドの実装方法や使い方について学習しましょう。

◎ クラスを定義しよう

はじめにクラスの定義方法を確認しましょう。クラスの基本的な書式を以下に示します。

▶ クラス定義

書式

```
class クラス名 {
    プロパティ
    イニシャライザ
    メソッド
}
```

概要　クラスを定義します

クラス名はclassキーワードの後ろに記述します。Swiftでは、クラス名は英大文字ではじめる様にします。プロパティ、イニシャライザ、メソッドは{}の内側に記述します。

社員を管理するクラスを定義する場合を例にみていきましょう。定義例をリスト6-1に示します。クラス名は、社員を英語にしたEmployeeとしています。

リスト6-1 社員クラスの定義例

```
001: // 社員クラス
002: class Employee {
003: 
004: }
```

◎ プロパティとメソッドを定義しよう

続いて、社員クラスにプロパティとメソッドを定義してみましょう。
すでに説明した通り、クラス内では変数のことをプロパティ、関数のことをメソッドと呼ぶのでしたね。
呼び方が変わりましたが、これまでに学習した変数と関数の書き方と変わりません。

プロパティとメソッドの定義例をリスト6-2に示します。

リスト 6-2 プロパティとメソッドの定義例

```
001: // 社員クラス
002: class Employee {
003:     //------------------------------
004:     // プロパティの定義
005:     //------------------------------
006:     var id = ""      // 社員番号
007:     var name = ""    // 氏名
008:     var title = ""   // 役職
009:     var gender = "" // 性別
010: 
011:     //------------------------------
012:     // メソッドの定義
013:     //------------------------------
014:     // 出社
015:     func goToTheOffice() {
016:         print("出社しました")
017:     }
018: 
019:     // 働く
020:     func doWork() {
021:         print("仕事中です")
022:     }
023: 
024:     // 退社
025:     func leaveTheOffice() {
026:         print("退社しました")
027:     }
028: 
029:     // 社員情報取得
030:     func getInfo() -> String {
031:         return "\(name)さんは、社員番号：\(id)で役職が\(title)、性別は\(gender)です"
032:     }
033: }
```

6～9行目でプロパティを定義しています。ここでは、社員番号、氏名、役職、性別を表すプロパティを定義しています。これまでに学習した変数と同じ要領で定義していることがわかりますね。プロパティは初期化をしていないとエラーになりますので、それぞれ空文字を代入しています。

14〜32行目でメソッドを定義しています。ここでは、出社、働く、退社、社員情報表示のメソッドを定義しています。こちらも、これまでに学習した関数と同様に定義していることがわかります。

◎ クラスを使ってみよう

すでに説明した通り、クラスの定義は設計図に相当します。よって、クラスの定義から実際のモノ（実体）を作り出す必要があります。クラスから作り出したモノをインスタンスと呼び、インスタンスを作成することをインスタンス化またはインスタンスを生成すると呼びます。

クラスのインスタンス化は以下の書式で行います。

▶ クラスのインスタンス化

書式 **var 変数 = クラス名()**
または
let 変数 = クラス名()

概要 クラスのインスタンス化を行います

この書式を使用して、先ほど作成したEmployeeクラスをインスタンス化する例をリスト6-3に示します。

この例では3つのインスタンスを作成しています。emp1、emp2、emp3はEmployeeクラスという設計図をもとにして、実体（実際に使用できるもの＝インスタンス）が作成されたことになります。3つの変数に入れられたEmployeeの実体は、それぞれ別のものになります。

リスト6-3 Employeeクラスのインスタンス化

```
001:  var emp1 = Employee()
002:  var emp2 = Employee()
003:  var emp3 = Employee()
```

クラスのインスタンスが作成されましたが、このときのemp1〜emp3のデータ型はなんでしょうか？

これらはすべてEmployee型になります。実は、クラスの定義というのは、Int型やString型のような、データ型を作成することなのです。よってクラスを使用するときは、変数と同じ方法で宣言をすればよいとうことになります。

次に、作成したインスタンスを実際に使用してみましょう。クラス、Employeeには、id、name、title、genderといったプロパティを定義しましたね。これらのプロパティに値を入れる例を見てみましょう（リスト6-4）。

クラスに定義されたプロパティやメソッドは「インスタンス名.プロパティ」や「インスタンス名.メソッド名()」のように、インスタンス名の後ろにドット（.）を書いて、プロパティ名やメソッド名を記述します。この「.」は日本語の「の」に置き換えるとコードが読みやすくなります。例えば「emp1.id」であれば「emp1の社員番号」というように読み解くことができます。

リスト6-4 プロパティの使用例

```
001:  emp1.id = "00001"
002:  emp1.name = "Steve"
003:  emp1.title = "CEO"
004:  emp1.gender = "男性"
005:
006:  emp2.id = "00002"
007:  emp2.name = "Bill"
008:  emp2.title = "Manager"
009:  emp2.gender = "男性"
010:
011:  emp3.id = "00003"
012:  emp3.name = "Carol"
013:  emp3.title = "None"
014:  emp3.gender = "女性"
```

次にメソッドの使用例をリスト6-5に示します。メソッドもそれぞれのインスタンス名の後ろにピリオドを付けて使用していることがわかりますね。

4行目、10行目、16行目では、それぞれのインスタンスの情報を取得するメソッドを実行しています。同じメソッドを使用していますが、インスタンス毎に異なる結果が表示されることを確認できます。

リスト6-5 メソッドの使用例

```
001:  emp1.goToTheOffice()
002:  emp1.doWork()
003:  emp1.leaveTheOffice()
004:  var emp1Info = emp1.getInfo()
005:  print(emp1Info) // Steveさんは、社員番号：00001で役職がCEO、性別は男性です
006:
007:  emp2.goToTheOffice()
008:  emp2.doWork()
009:  emp2.leaveTheOffice()
```

```
010: var emp2Info = emp2.getInfo()
011: print(emp2Info) // Billさんは、社員番号：00002で役職がManager、性別は男性です
012:
013: emp3.goToTheOffice()
014: emp3.doWork()
015: emp3.leaveTheOffice()
016: var emp3Info = emp3.getInfo()
017: print(emp3Info) // Carolさんは、社員番号：00003で役職がNone、性別は女性です
```

◎ クラスを初期化する処理を作成しよう

プロパティとメソッドを作成する方法と使用する方法がわかりました。
このほかに、クラスにはイニシャライザと呼ばれる初期化処理を持たせることができます。
イニシャライザの基本的な書式を以下に示します。

▶ イニシャライザの基本書式

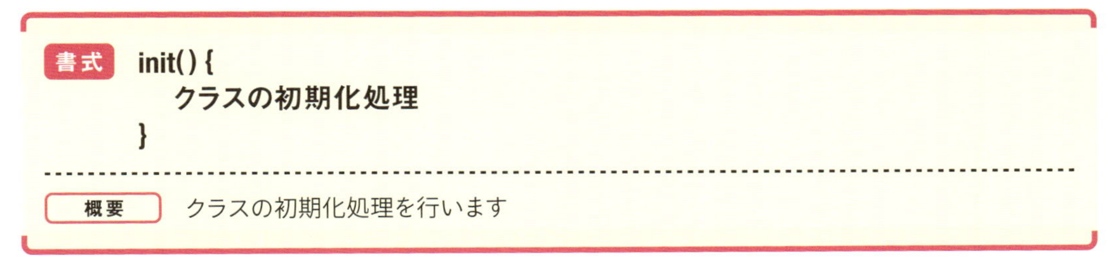

書式
```
init() {
    クラスの初期化処理
}
```

概要　クラスの初期化処理を行います

これまでに作成したEmployeeクラスにはイニシャライザを持たせていませんでした。このEmployeeクラスのように1つもイニシャライザがない場合には、実行時に自動でイニシャライザが作成されます。このイニシャライザは、デフォルトイニシャライザと呼びます。

イニシャライザの書式をどこかで見たことはありませんか？関数の書式に似ていますね。違いは、funcキーワードがないこと、名前がinitに固定されているということです。

また、関数のように明示的に呼び出す必要はありません。initはインスタンスの生成時に自動で呼び出されますので、「インスタンス名.init()」の様な書き方で使用することはありません。

リスト6-6に、Employeeクラスにイニシャライザを追加した例を示します。

リスト6-6 イニシャライザの定義例

```
001: // 社員クラス
002: class Employee {
003:     //------------------------------
004:     // プロパティの定義
005:     //------------------------------
006:     var id: String      // 社員番号
007:     var name: String    // 氏名
008:     var title: String   // 役職
009:     var gender :String  // 性別
010:
011:     //------------------------------
012:     // イニシャライザの定義
013:     //------------------------------
014:     init() {
015:         self.id = "99999"
016:         self.name = "名無し"
017:         self.title = "一般社員"
018:         self.gender = "不明"
019:         print(self.getInfo())
020:     }
021:
022:     //------------------------------
023:     // メソッドの定義
024:     //------------------------------
025:     省略 (リスト6-2参照)
026: }
```

6〜9行目はプロパティの定義部分ですが、リスト6-4の定義と少し変えてあります。リスト6-4では、プロパティの定義と同時に初期値を入れていましたが、ここではプロパティの宣言のみを行っています。

プロパティの初期値の設定は、14〜20行目のイニシャライザの中で行っています。どのプロパティの前にもselfというキーワードが付いているのがわかります。このselfは自分自身のクラスであることを表していて、ここではEmployeeクラスのことを指しています。よって「self.id」であれば、「Employeeクラスのid」と読むことができます。

このselfキーワードは省略することができるため、「self.id」ではなく単に「id」と書いても構いません。ただし、init()の中で同じidという名前の変数を宣言している場合は、プロパティのidなのかinit内で定義したidなのか区別できるようにselfキーワードを使用します。

selfキーワードは省略せずに書くことをおすすめします。

さて、コードに戻りましょう。init()の中ではクラスのインスタンスが作成されたときに実行したい内容を書きます。一般的にはプロパティの初期化(初期値の設定)を行い、必要に応じて実行したいメソッドの呼び出しなどを行います。クラス内で使用するプロパティは必ず初期化をする必要があります。初期化は、プロパティの宣言時またはイニシャライザ内のどちらかで必ず行ってください。プロパティを初期化していないと、意図しない値が入る可能性があるためです。

リスト6-6では、それぞれのプロパティに文字列を代入しています。よってインスタンスの生成とともに、各プロパティに値が入ります。

また、プロパティの初期化の後にgetInfoメソッドを呼び出していますので、初期化時点での情報が表示されます。

イニシャライザが正しく機能するかを確認するために、リスト6-6のクラス定義の後ろに、リスト6-7のコードを書いて実行してみましょう。emp1のインスタンスが生成された時点で「名無しさんは、社員番号：99999で役職が一般社員、性別は不明です」と表示されることがわかります。

このことから、イニシャライザが動作していることが確認できます

リスト6-7 イニシャライザの動作確認

```
001: var emp1 = Employee()
```

SECTION 03

クラスをより深く理解しよう

ここまでの説明で、メソッドやプロパティ、イニシャライザの定義方法と使用方法の基礎について学習しました。ここでは、クラスをさらに使いこなすために、より深く学習していきましょう。

◎ プロパティ初期化の必要性を理解しよう

イニシャライザでは、主にプロパティを初期化することについて学びました。プロパティを初期化しないと、意図しない値が入る可能性があるからです。では、リスト6-8に示すSmapleClassに定義されているプロパティ（2～5行目）のうち、初期化が必要なものはどれでしょうか？

リスト 6-8 初期化が必要なプロパティはどれか

```
001:  class SampleClass {
002:      var a: Int
003:      var b: Int = 0
004:      var c: Int?
005:      let d: Int?
006:
007:      init() {
008:          // プロパティの初期化
009:      }
010:  }
```

初期化が必要なものは、aとdです。

変数aは初期値を代入していないため、初期化をしないで使用した場合の値が不明ですね。よって初期化が必要です。

変数bは0で初期化をしていますので、イニシャライザの中で初期化しなくても構いません。

変数cはOptional型の変数です。よって初期化をしない場合には、暗黙的にnilで初期化されます。

定数dも変数c同様にOptional型です。変数c同様に「nilが代入されるのでは？」と思うかもしれません。varではなくletで定義していることに注意してください。定数は後から書き換えができないルールになっていますので、プロパティの定義時に初期値を入れておくか、イニシャライザの中で初期化をしておく必要があります。

クラスがプロパティを持っていて、宣言時に初期値を代入していないかinit()内で初期化をしていない場合は「Return from initializer without initializing all stored properties」というエラーが表示されるので注意しましょう。

◎ 引数のあるイニシャライザを定義してみよう

Employeeクラスに定義したイニシャライザは引数がないものでした。引数があるイニシャライザも作成することもできます。これにより、受け取った引数をプロパティの初期値に設定したり、クラス内のメソッドに渡したりすることが可能になります。

引数のあるイニシャライザの書式を以下に示します。引数のあるメソッドの定義に似ていることがわかりますね。

▶ 引数のあるイニシャライザ

書式
```
init(引数1 : データ型, … 引数n : データ型) {
    クラスの初期化処理
}
```

概要　クラスの初期化処理を行います

これまでに見てきたEmployeeクラスのイニシャライザを引数のある書式に変更した例をリスト6-9に示します（メソッドの定義は省略しています）。

13行目からが引数のあるイニシャライザの定義です。イニシャライザ内部では、受け取った引数をそれぞれのプロパティに代入しています。「self.」が付いている方がクラス内部に定義されたプロパティで、付いていない方が引数です。間違えないようにしましょう。

リスト6-9 引数のあるイニシャライザの定義例

```
001: class Employee {
002:     //------------------------------
003:     // プロパティの定義
004:     //------------------------------
005:     var id: String     // 社員番号
006:     var name: String   // 氏名
007:     var title: String  // 役職
008:     var gender :String  // 性別
009:
010:     //------------------------------
011:     // イニシャライザの定義
012:     //------------------------------
013:     init(id: String, name: String, title: String, gender: String) {
014:         self.id = id
015:         self.name = name
016:         self.title = title
017:         self.gender = gender
018:     }
019:     省略
020: }
```

それでは、引数のあるイニシャライザをもつクラスをインスタンス化してみましょう（リスト6-10）。インスタンス化する際にメソッドを使用する要領で引数に値を渡します。

引数のあるイニシャライザを使用すると、インスタンス化の時点でプロパティの初期値をセットできるため、リスト6-5のように何行にも渡って値をセットする必要がなくなることがわかります。

リスト6-10 引数のあるイニシャライザを持つクラスのインスタンス化

```
001: var emp1 = Employee(id: "00001", name: "Steve", title: "CEO", gender: "男性")
002: var emp2 = Employee(id: "00002", name: "Bill", title: "Manager", gender: "男性")
003: var emp3 = Employee(id: "00003", name: "Carol", title: "None", gender: "女性")
```

◎ イニシャライザの多重定義

イニシャライザは1つのクラスに複数定義することができます。

イニシャライザの名称はinitとする必要があるため名前が衝突し定義できないように思えますが、引数の数や引数のデータ型が異なる場合は複数定義しても良いことになっています。同じ名前で複数定義することをオーバーロードと呼びます。

オーバーロードはイニシャライザだけではなく、メソッドでも行うことができますので覚えておきましょう。

イニシャライザのオーバーロードの例をリスト6-11に示します。

リスト6-11 イニシャライザのオーバーロードの例

```
001: class Employee {
002:     //------------------------------
003:     // プロパティの定義
004:     //------------------------------
005:     var id: String     // 社員番号
006:     var name: String   // 氏名
007:     var title: String  // 役職
008:     var gender :String  // 性別
009:
010:     //------------------------------
011:     // イニシャライザの定義(引数なし)
012:     //------------------------------
013:     init() {
014:         self.id = "99999"
015:         self.name = "名無し"
016:         self.title = "一般社員"
017:         self.gender = "不明"
018:     }
019:
020:     //------------------------------
021:     // イニシャライザの定義(引数あり)
022:     //------------------------------
023:     init(id: String, name: String, title: String, gender: String) {
024:         self.id = id
025:         self.name = name
026:         self.title = title
027:         self.gender = gender
028:     }
029: }
030:
031: var emp1 = Employee()
032: var emp2 = Employee(id: "00001", name: "Steve", title: "CEO", gender: "男性")
```

13〜18行目が引数なしのイニシャライザで、23〜28行目が引数ありのイニシャライザです。

このように、複数のイニシャライザをもつクラスは、インスタンス化の際にどちらのイニシャライザを使用するかが決定されます。例えば、31行目のようにインスタンス化した場合は引数なしのイニシャライザが呼ばれ、32行目のようにインスタンス化した場合は引数ありのイニシャライザが実行されます。

◎ 計算型プロパティを理解しよう

これまでに学んだプロパティは、正式名称をストアドプロパティ（Stored Property）と呼び、通常の変数と同様に値を代入したり取り出したりすることができます。これに対して、計算型プロパティ（Computed Property）というものがあります。

計算型プロパティは、「クラスが持つプロパティに対して正しく値を管理する」という特徴を持ちます。

例えば、社員クラスで年齢を管理するとしましょう。ある会社は「年齢が18歳以上しか採用しない」とした場合、18歳未満の社員を登録したくないですよね。

計算型プロパティを使用すると、値を代入する際に「18以上の値か」ということをチェックすることができ、値が18以上である場合に正式に値を代入するということができるようになります。

計算型プロパティの書式を以下に示します。

▶ 計算型プロパティ

書式

```
var プロパティ名 : データ型 {
    get {
        値を取り出す処理
    }
    set {
        値を代入する処理
    }
}
```

概要 計算型プロパティを定義します。get内部ではnewValueという専用の変数で値を受け取ります

計算型プロパティの内部は、get {}とset{}の2つの部分から構成されています。

get部はゲッターと呼び、プロパティから値を取得する際に呼ばれます。set部はセッターと呼び、プロパティに値を代入する際に呼ばれます。

社員クラス（Employee）に、年齢を管理する計算型プロパティを定義する例をリスト6-12に示します。

リスト 6-12 計算型プロパティの定義と使用例

```
001: class Employee {
002:     var _age = 18
003:
004:     var age: Int {
005:         get {
006:             return _age
007:         }
008:         set {
009:             if newValue < 18 {
010:                 _age = 18
011:             } else {
012:                 _age = newValue
013:             }
014:         }
015:     }
016: }
017:
018: var emp = Employee()
019: emp.age = 5
020: print(emp.age)
```

4〜15行目までが、計算型プロパティの定義です。5〜7行目がageプロパティのゲッター部、8〜14行目までがセッター部です。

セッター部の解説

はじめにセッター部から説明します。

セッター部は、プロパティに値を代入するときに呼び出されます。計算型プロパティに値を代入しようとすると、専用の変数newValueに代入されます。

19行目のように、ageプロパティに5を代入しようとした場合はセッター部が呼び出されnewValueに5が代入されます。そこで9行目のようにif文を使用して「newValueが18未満か」をチェックすることで、ageプロパティに代入しても良い値なのかどうかを判断することができます。

if文が成り立った場合（つまり18未満の値が代入されようとした場合）は、強制的に「_age」に18を代入しています。

if文成り立たない場合は、正式に値を代入してもよいということになりますね。計算型プロパティは、値を記憶する場所を持っていないので、別の場所に保存してあげる必要があります。ここでは2行目で定義した「_age」に保存するようにしています（10行目）。

このように計算型プロパティのセッターを使用することで、18未満の値が保存されないようにしています。

ゲッター部の解説

次に、ゲッター部を見てみましょう。

ageプロパティに代入した値は、実際には_ageに代入されていますので、「return _age」とすれば値を取り出すことができますね。

ageプロパティをイメージ化すると図6-4のようになります。すでに説明した通り、値を代入しようとするとセッター部が呼ばれ、正しい値が「_age」保存されます。値を取得しようとした場合は「_age」から値を取り出して返します。このことからわかるように、計算型プロパティ自身は値を持ちません。その代わり、別の場所（プロパティ）で値を管理します。

図6-4 計算型プロパティのイメージ

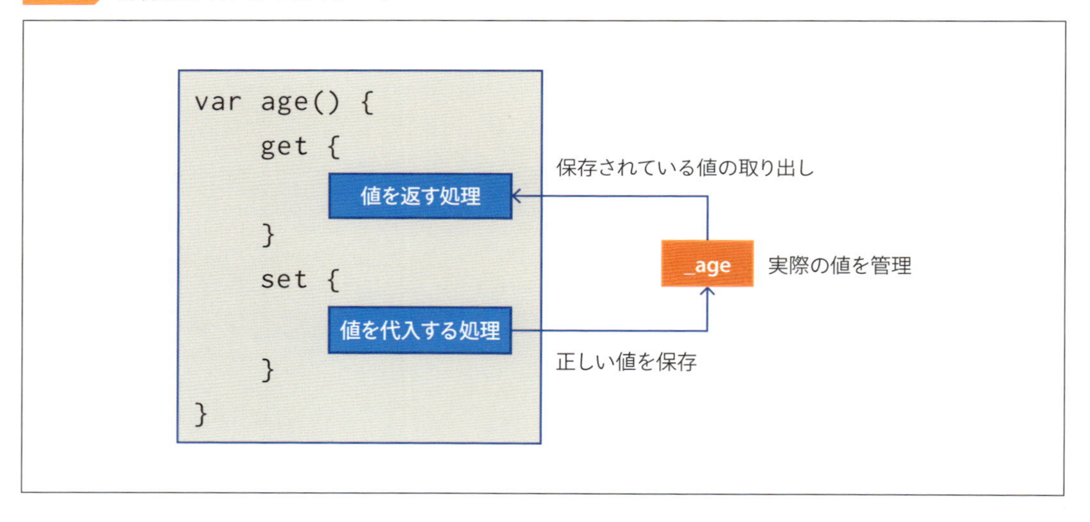

ageプロパティ箇所の解説

最後に、ageプロパティを使用している部分を確認しましょう。

19行目は5を代入していますのでセッター部のif文の条件は満たされず、_ageに18が強制的に代入されますね。

20行目はageプロパティの値をprint関数で表示しています。ageプロパティのセッター部が呼び出されますので、_ageに保存されている値「18」が表示されます。

◎ プロパティ監視を理解しよう

ここまでにストアドプロパティと計算型プロパティについて学びました。このほかに、プロパティ値が設定される前と設定された後に処理を行うことができるプロパティ監視という機能があります。

また、計算型プロパティは値を直接持つことができないため別の場所に保存をしましたが、プロパティ監視は直接値を持つことができます。

プロパティ監視の書式を以下に示します。

▶ プロパティ監視

書式

```
var プロパティ名 : データ型 = 初期値{
    willSet {
      プロパティ値が変更される前に実行したい処理
    }
    didSet {
      プロパティ値が変更された後に実行したい処理
    }
}
```

概要 プロパティ値の変更を監視します

willSet内では、これから代入される値をnewValueという変数で参照することができます。

didSet内では、代入される前の値をoldValueという変数で参照することができます。

リスト6-13にプロパティ監視の例を示します。

この例では、Employeeクラス内にあるageがプロパティ監視です。

リスト6-13 プロパティ監視の例

```
001:  class Employee {
002:
003:      // イニシャライザ
004:      init(age: Int) {
005:          self.age = age
006:      }
007:
008:      // プロパティ監視
009:      var age: Int = 0 {
010:          willSet {
```

```
011:             print("\(self.age)に\(newValue)を代入します")
012:         }
013:         didSet {
014:             print("\(oldValue)から\(self.age)に変更されました")
015:         }
016:     }
017: }
018:
019: var emp = Employee(age: 5)
020: emp.age = 18
```

イニシャライザ

4～6行目でイニシャライザを定義しています。このイニシャライザは引数で受け取った値を監視プロパティ self.age に代入します。

willSet

9～16行目がプロパティ監視の定義です。

10～12行目はwillSetですので、プロパティageに値が代入される直前に実行されます。

11行目は、代入される前のself.ageと、これから代入されるnewValueを表示します。

didSet

13～15行目はdidSetですので、プロパティageに値が代入された直後に実行されます。

14行目は、代入される前のoldValueと、代入後のself.ageの値を表示します。

プロパティ監視の使用

19～20行目がプロパティ監視を使用している部分です。

19行目でEmployeeクラスをインスタンス化しています。引数に5を与えていますので、監視プロパティのageには5が代入されます。

20行目は監視プロパティageに18を代入していますので、「5に18を代入します」の次に「5から18に変更されました」が表示されます。

実行例を図6-5に示します。

19行目でインスタンス化する際に5を渡していますので、「0に5を代入します」の次に「0から5に変更されました」のように表示されるように思えますが、実行結果には表示がありません。

これは、プロパティ監視はイニシャライザ内からの変更時には呼び出されないようになっているためですので注意してください。

図6-5 実行結果

```
リスト6-13
1  class Employee {
2
3      // イニシャライザ
4      init(age : Int) {
5          self.age = age
6      }
7
8      // プロパティ監視
```

```
5に18を代入します
5から18に変更されました
```

SECTION 04

クラスの機能を引き継いだクラスを作成しよう

クラスはオブジェクトの元になる設計図のようなものであると説明してきました。しかし、毎回クラスを1から作成するのは大変です。ここでは、すでにあるクラスを利用して新しいクラスを作成する方法ついて学習しましょう。

◎ クラスの機能を引き継いで新しいクラスを作成しよう

すでにあるクラスを利用して新しいクラスを作成することをクラスの継承または単に継承と呼びます。また、このようにして作成したクラスを継承クラスと呼びます。

継承元のクラスをスーパークラス、継承して作成したクラスをサブクラスと呼びます。

継承関係を図で表すときは、図6-6のようにサブクラスからスーパークラスに向かって矢印を引きます。

図6-6 継承関係の図

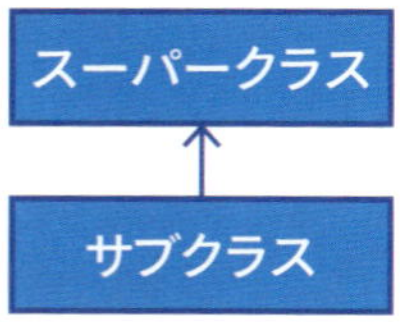

スーパークラス
↑
サブクラス

継承のメリットは、「サブクラスは継承元の機能を引き継ぐ」という点にあります。

例えばパソコンを表すクラスについて考えてみましょう。一口にパソコンと言っても、世の中には様々な構成の製品が存在します。基本となるCPUやメモリ、ハードディスクを持つスーパークラスを作成しておけば、継承によってUSB3とブルーレイドライブがあるデスクトップパソコンクラスや、USB-CとDVDドライブがあるノートパソコンクラスなどを作成することができます（図6-7）。

図6-7 継承を利用したパソコンクラスの例

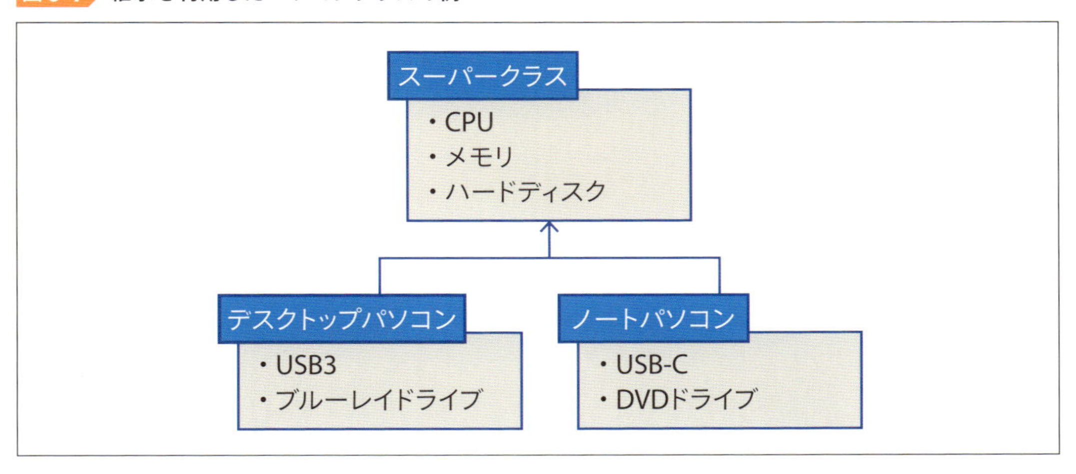

スーパークラスを継承してサブクラスを定義する書式を以下に示します。

▶ スーパークラスを継承してサブクラスを定義

書式
```
class サブクラス名 : スーパークラス名 {
    クラスメンバ
}
```

概要 スーパークラスを継承してサブクラスを定義します

それでは、基本となるパソコンクラスを継承して新しいパソコンクラスを作成する例を見てみましょう（リスト6-13）

リスト6-13 継承の例

```
001:  class PersonalComputer {
002:      var cpu: Float
003:      var memory: Float
004:      var hdd: Float
005:
006:      init() {
007:          self.cpu = 2.0
008:          self.memory = 16.0
009:          self.hdd = 2.0
010:      }
```

```
011:
012:     func showSpec() {
013:         print("CPU:\(self.cpu)")
014:         print("MEMORY:\(self.memory)")
015:         print("HDD:\(self.hdd)")
016:     }
017: }
018:
019: class Desktop: PersonalComputer {
020:     var usb3: Float
021:     var blueRay: Int
022:
023:     override init() {
024:         self.usb3 = 8.0
025:         self.blueRay = 1
026:     }
027:
028:     override func showSpec() {
029:         super.showSpec()
030:         print("USB3:\(self.usb3)")
031:         print("BlueRay:\(self.blueRay)")
032:     }
033: }
034:
035: class Notebook: PersonalComputer {
036:     var usb_c: Float
037:     var dvd: Int
038:
039:     override init() {
040:         self.usb_c = 8.0
041:         self.dvd = 2
042:     }
043:
044:     override func showSpec() {
045:         super.showSpec()
046:         print("USB-C:\(self.usb_c)")
047:         print("DVD:\(self.dvd)")
048:     }
049: }
```

1〜17行目までが基本となるPersonalComputerクラスです。cpu、memory、hddのプロパティを持ちイニシャライザによって初期化を行っています。またスペックを表示するshowSpecというメソッドを持っています。

19〜33行目はDesktopクラスの定義でPersonalComputerクラスを継承して作成しています。このクラスにはusb3とblueRayプロパティがあり、イニシャライザによって初期化を行っています。

overrideというキーワードがありますが、これについては後述します。

また、スペックを表示するshowSpecメソッドを持っています。この中で使用しているsuper.showSpecの「super」はスーパークラスを指しています。よってスーパークラスのshowSpecメソッドを呼び出すことを意味しています。

34〜49行目はNotebookクラスの定義で、こちらもPersonalComputerクラスを継承しています。usb_cとdvdのプロパティを持ち、イニシャライザで初期化を行っています。また、スペックを表示するshowSpecというメソッドを持っています。

◎ スーパークラスのメソッドを上書きしてみよう

サブクラスは、スーパークラスのメンバを引き継ぎます。

このときスーパークラスが持つメソッドを使えないようにして、サブクラス内で新しく定義したい場合があります。このような場合はキーワードoverride（オーバーライド）を使用して、同一名のメソッドを定義します。

先ほどのリスト6-18では28行目と44行目のshowSpecメソッドが該当します。

また、サブクラスからスーパークラスのメンバを使用したい場合は、superクラスを使用します。

リスト6-13では、29行目と45行目でスーパークラスが持つshowSpecを呼び出してcpuとmemory、hddのスペックを表示しています。

◎ サブクラスを使ってみよう

それではリスト6-13で作成したサブクラスを使用してみましょう。使用例をリスト6-14に示します。

リスト6-14 サブクラスの使用例

```
001: var deskTop = Desktop()
002: deskTop.cpu = 3.0
003: deskTop.usb3 = 5.0
004: deskTop.showSpec()
005:
006: var noteBook = Notebook()
007: noteBook.memory = 32.0
008: noteBook.usb_c = 8.0
009: noteBook.showSpec()
```

1行目で、Desktopクラスのインスタンスを生成しています。

2行目はcpuプロパティに3.0という値を代入しています。本来、cpuプロパティはスーパークラスPersonalComputerのプロパティですが、DesktopクラスはPersonalComputerクラスを継承して作成していますので使用することができます。

3行目はDesktopクラスのメンバであるusb3プロパティに値を代入しています。

4行目はshowSpecプロパティを使用しています。ここで呼び出されるのは、Desktopクラスで定義したshowSpecメソッドであることに注意してください。Desktopクラスで定義したshowSpecクラスでは、スーパークラスのshowSpecメソッドの呼び出しと、usb3とblueRayプロパティの表示を行っています。

6行目はNotebookクラスのインスタンスを生成しています。

7行目でmemoryに、8行目にusb_cに値を代入し、9行目でshowSpecメソッドを呼び出してスペックを表示しています。

このように、クラスを継承することで新たなクラスを生み出して使用することができます。

CHAPTER

7

ゲームを作る準備をしよう

SECTION 01

実機でアプリ動作を確認できるようにしよう

CHAPTER 6までは、Swiftという言語について学習してきました。ここまでを理解できれば、あとはアプリケーションを作成しながら、より深くSwiftについて理解するのみです。そこでCHAPTER 7以降では、iOS向けの簡単なシューティングゲームを作成しながらSwiftを学習していきます。はじめに、実機でアプリ動作を確認するための準備をしましょう。実機を持っていない場合シミュレータによる動作確認ができますので、本節は読み飛ばして構いません。

◎ XcodeにApple IDを登録しよう

以前は、作成したアプリを実機で動かすには、年会費を支払って開発者登録をする必要がありました。今では、Apple IDさえあれば、実機で動作確認をすることができます。ただし、App Storeでアプリの配信をしたい場合には、開発者登録が必要となります。

学習段階では無償でアプリ開発を実施し、本格的なアプリケーションを作成できるようになったら開発者登録をしてApp Storeで配信するようにしましょう。

Apple IDは普段iPhoneまたはiPadで使用しているもので構いません。持っていない場合は作成しましょう。

はじめにXcodeを起動して、メニューの[Xcode] - [Preferences]を選択します(図7-1)。

図7-1 Preferencesを選択

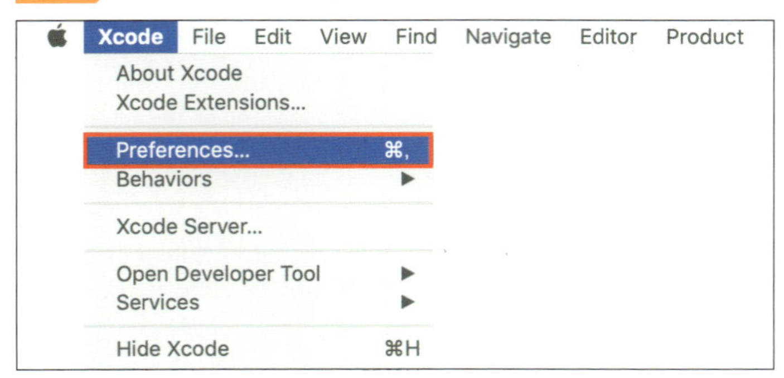

次に、表示された画面で「Accounts」タブを選択して、左下にある「+」ボタンをクリックします（図7-2）。

続いて、アカウントの種類を選択する画面が表示されます。「Apple ID」を選択して［Continue］ボタンをクリックしてください（図7-3）。

図7-2 アカウントの追加

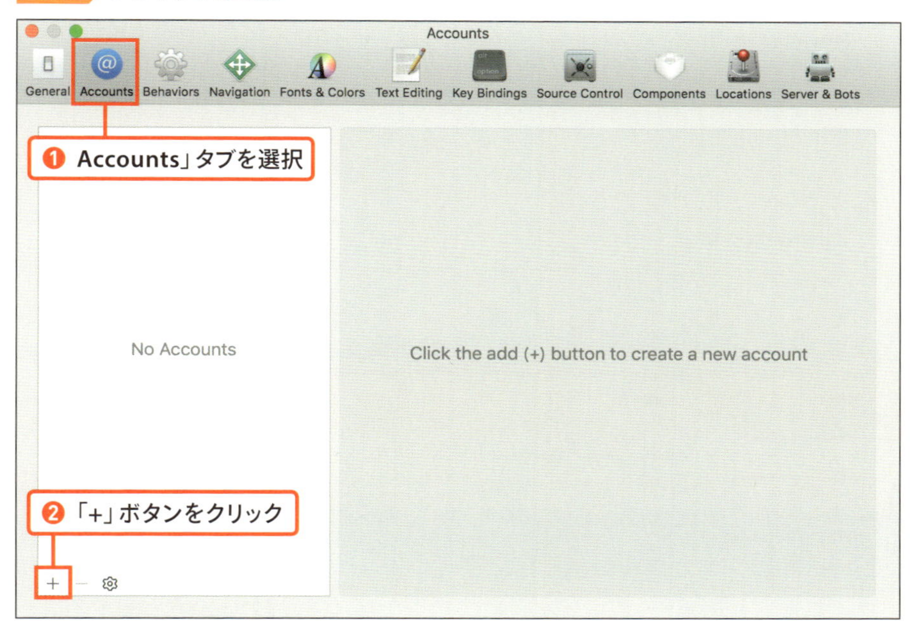

図7-3 アカウント種類の選択

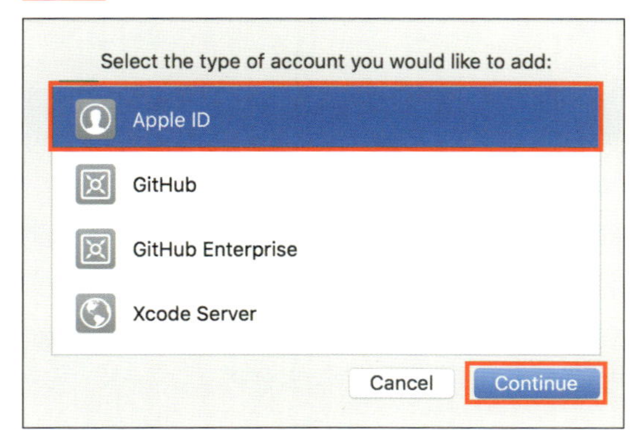

次にApple IDを入力する画面になります。お持ちのApple IDとパスワードを入力して［Next］ボタンをクリックしてください（図7-4）。Apple IDを持っていない場合は、［Create］ボタンをクリックして作

成することができます。アカウントの追加が完了すると図7-5のように一覧に表示されます。

図7-4 Apple IDの入力

図7-5 追加されたApple IDの確認

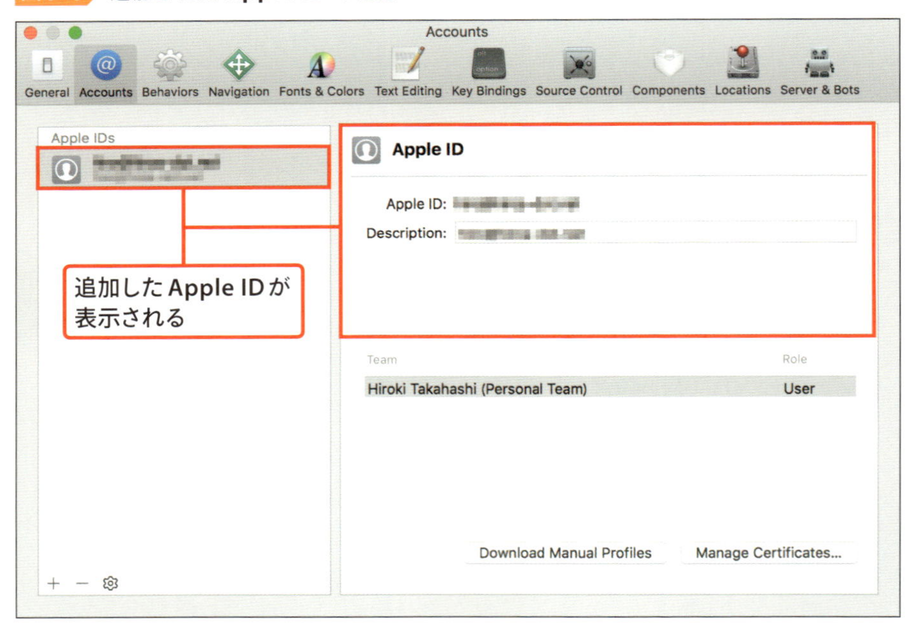

最後にXcodeから実機にアプリを転送できるようにします。お持ちのiPhoneまたはiPadとMacをUSBケーブルで接続をしてください。

図7-6のようにデバイスに「このコンピュータを信頼しますか？」のメッセージが表示されるので［信頼］ボタンをタップしてください。以上でXcodeからデバイスに対して、作成したアプリを転送できるようになります。

図7-6 コンピュータの信頼設定

SECTION 02

プロジェクトを作成しよう

これまでは、playgroundを使用してSwiftの学習をしてきました。せっかくシューティングゲームを作成するのですから、iPhone（またはiPad）で動作するアプリケーションを作成しましょう。ここでは、Xcodeを使用して、iOS向けのアプリケーションを作成する基本について学習しましょう。

◎ 作成するゲームアプリの概要

作成するシューティングゲームの完成イメージを図7-7に示します。

図7-7 作成するシューティングゲームの完成イメージ

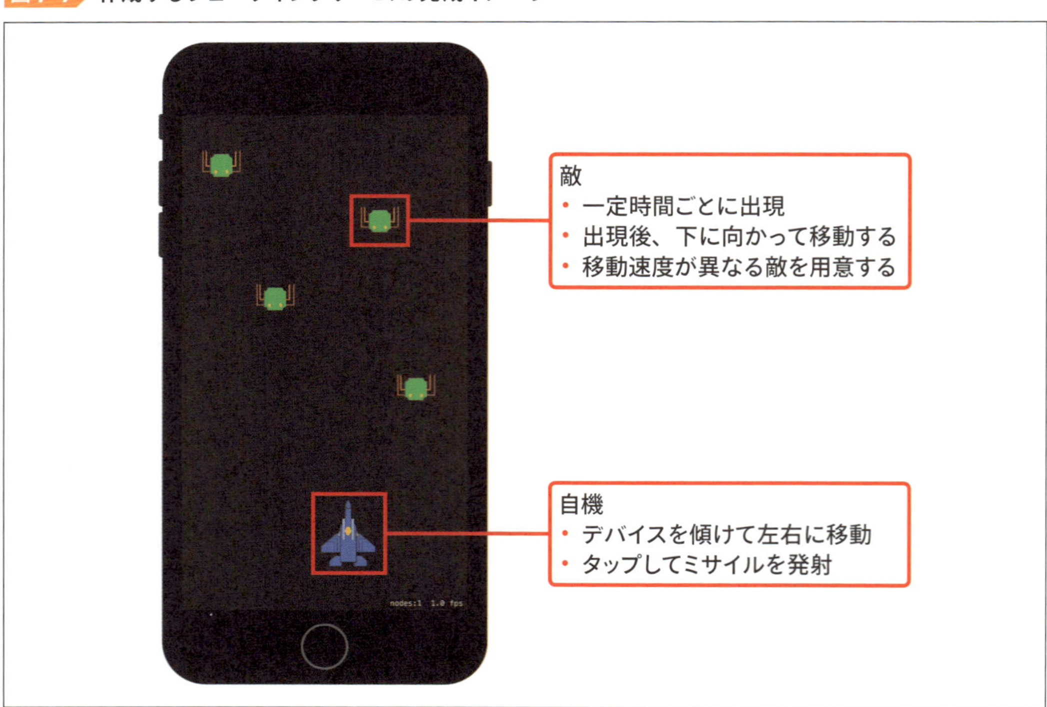

このゲームは、迫り来る敵をミサイルで撃つというシンプルなシューティングゲームです。自機はデバイスを傾けることで左や右に移動できるようにします。また、タップでミサイルを発射できるようにします。

登場するキャラクターは自分で作成するか、フリーの素材を使用します。

◎ プロジェクトを作成する

これまではplaygroundを使用してSwiftの学習をしてきました。playgroundは1つのファイルのみを使用していましたが、iOSアプリを作成する場合は、画面デザイン用のファイルや、ユーザーの操作に対する処理をするファイルなど、複数のファイルが必要となります。

これらのファイルをまとめたものをプロジェクトと呼びます。Xcodeではツール系アプリやゲームアプリ用など様々な種類のプロジェクトを作成することができます。

それではゲーム用のプロジェクトを作成しましょう。Xcodeを起動して「Create a new Xcode project」をクリックしてください（図7-8）。メニューからも作成することができ、この場合は［File］→［New］→［Project］を選択します。

図7-8 プロジェクトの作成

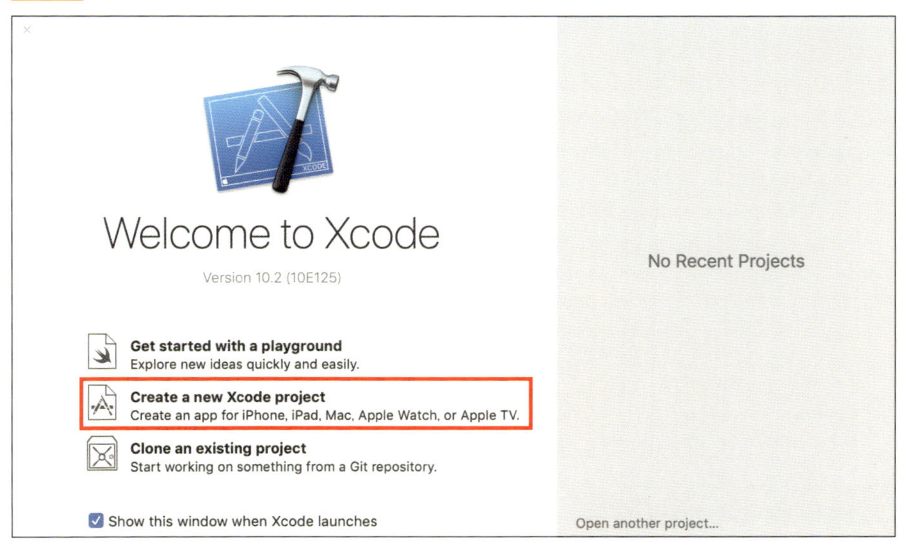

続いて「Choose a template for your new project」という画面が表示されます（図7-9）。この画面では、作成するプロジェクトのテンプレートを選択します。テンプレートとは「ひな形」の意味です。テンプレートを選択することで、そのプロジェクトに必要なファイルが自動で作成されます。

iOS向けのアプリケーションを作成しますので、図7-9に示すように「iOS」を選択した状態にし、一覧から「Game」を選択して[Next]ボタンをクリックしてください。

続いてプロジェクトのオプションを入力する画面が表示されます(図7-10)。入力すべき内容を表7-1に示します。

図7-9 プロジェクトテンプレート選択画面

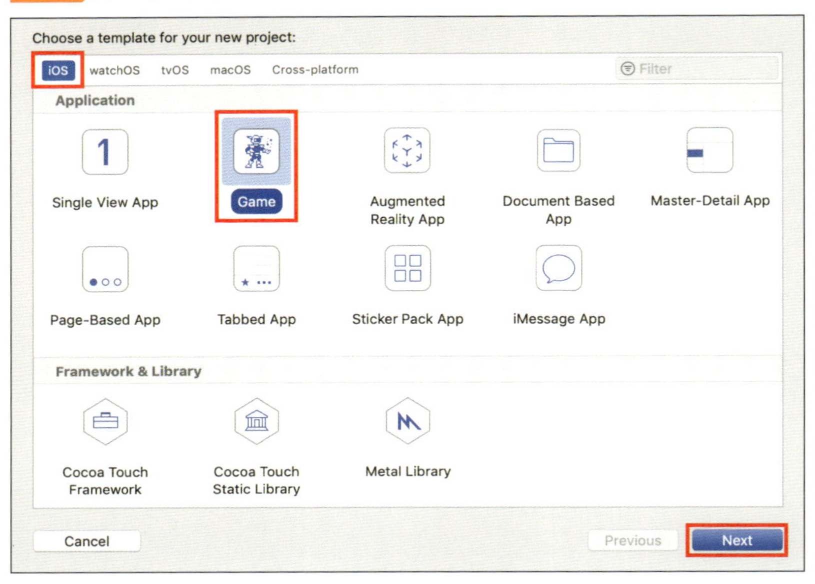

図7-10 プロジェクトオプションの入力

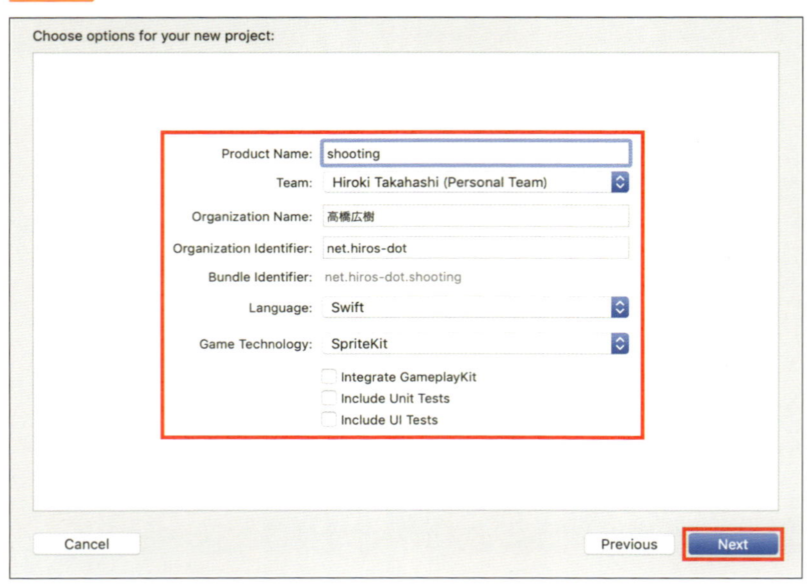

表7-1 プロジェクトオプション

項目	説明
Product Name	プロジェクトの名前を入力します。ここで入力した名前はディレクトリの名前にもなります（ここでは「shooting」とします）
Team	使用する署名IDの種類を選択します。ストアに登録する場合はApple Developer Programに登録しているIDを選択します。Apple Developer Programに加入していない場合はNoneを選択します
Organization Name	組織名または個人名を入力します
Organization Identifier	組織を識別するためのIDを入力します。ドメインがある場合は、ドメインを逆順で記述します（例 hiros-dot.net → net.hiros-dot）
Language	開発に使用する言語を選択します（ここではSwiftを選択）
Game Technology	開発で使用するゲームテクノロジーを選択します（ここではSpriteKitを選択）
その他	複数のチェックボックスがありますが、ここでは使用しないのでチェックを外してください

オプションの入力が完了したら［Next］ボタンをクリックします。　最後に、「Create Git repository on my Mac」のチェックを外し、保存先を選択して［Create］ボタンをクリックします（図7-11）。以上でプロジェクトの作成は完了です。

図7-11 保存先の選択

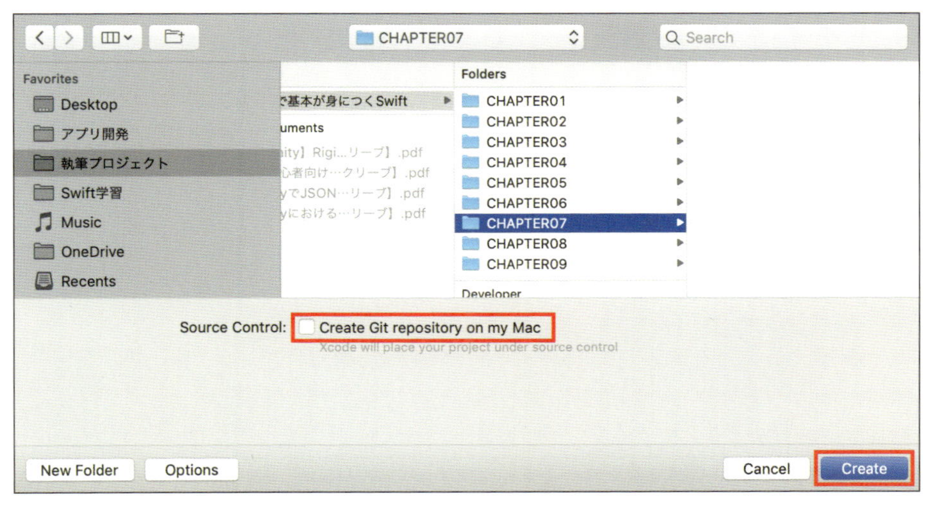

◎ 各部の名称

プロジェクトの作成完了後、Xcodeは図7-12のようになります。Xcodeは日本語対応されていないため、英語での表記となっています。

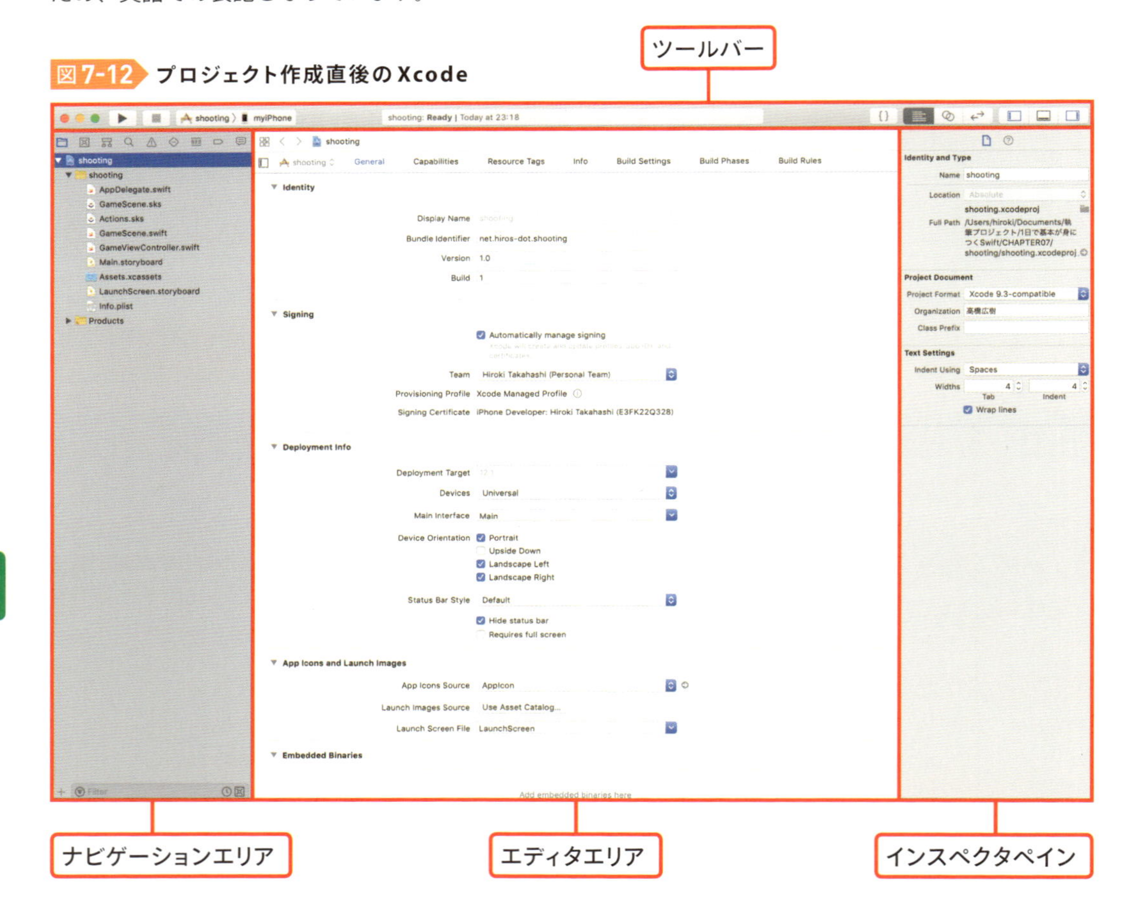

図7-12 プロジェクト作成直後のXcode

ツールバー

画面上部にはツールバーがあります。

ツールバーは、現在作成しているアプリケーションの実行や停止、実行時のシミュレータの選択、ナビゲーションエリアやインスペクタペインの表示/非表示などを行うことができます。

図7-13の右向き三角形のボタンで現在作成しているアプリケーションを実行し、隣にある四角形のボタンで停止をさせることができます。また、アプリケーションをシミュレート実行するデバイスを選択することもできます。実機に転送して実行する場合も、この一覧から選択します。

図7-13 ツールバー

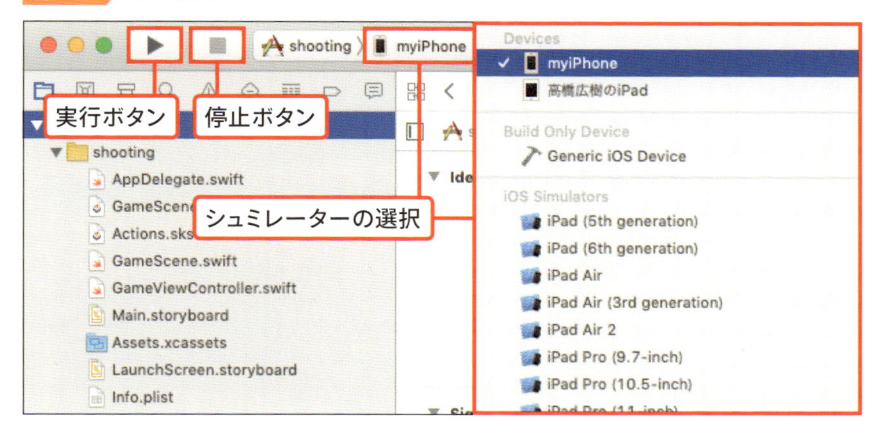

ナビゲーションエリア

ナビゲーションエリアには、プロジェクトに含まれるファイルの一覧を表示したり、ファイル内の文字列を検索したりします。ファイルがツリー上に表示される部分をプロジェクトナビゲータ(Project navigator)と呼びます。プロジェクトナビゲータは、左上のフォルダの形をしたアイコンをクリックして表示させることができます(図7-14)。また虫眼鏡のアイコンをクリックすると、プロジェクト内のファイルに対して文字列検索を行うことができます。

図7-14 プロジェクトナビゲータ

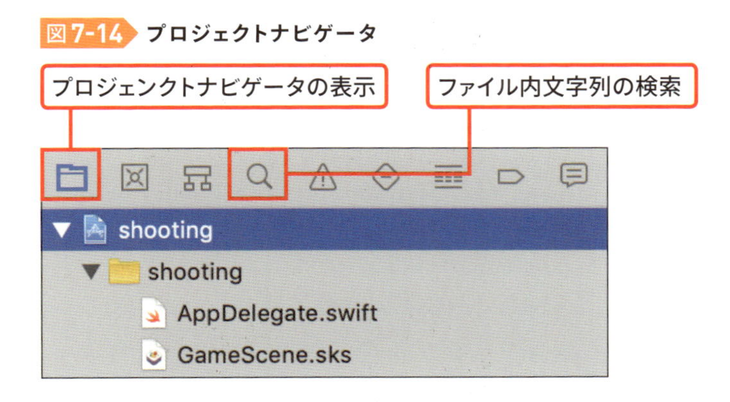

エディタエリア

画面中央のエディタエリアでは、コードの編集や画面のデザインなどを行います。選択したファイルに合わせて、コード編集用(ソースコードエディタ)や画面デザイン用(インターフェースビルダ)に自動的に切り替わります(図7-15、図7-16)。

図7-15 ソースコードエディタ

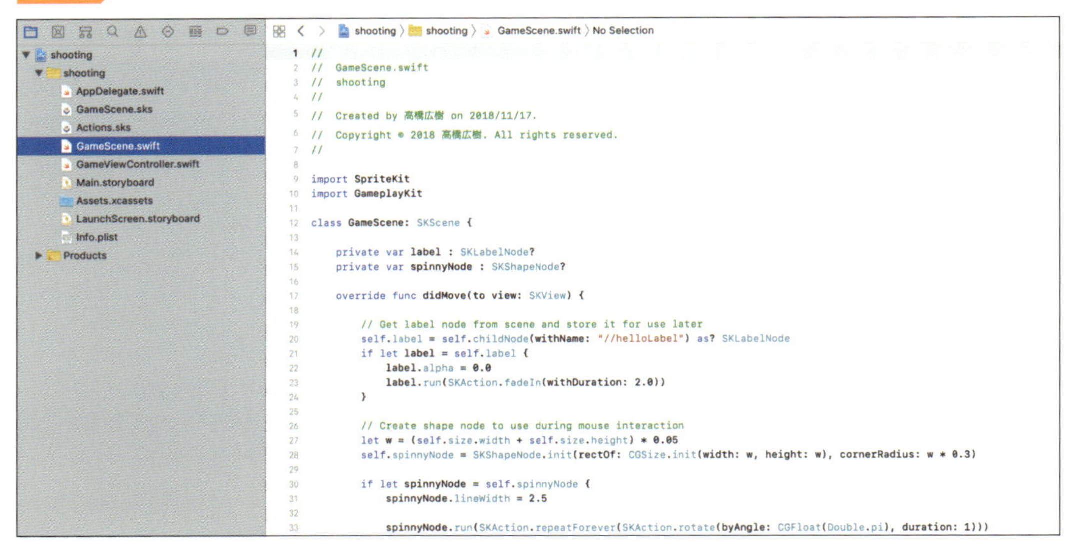

図7-16 インターフェースビルダ（Interface Builder）

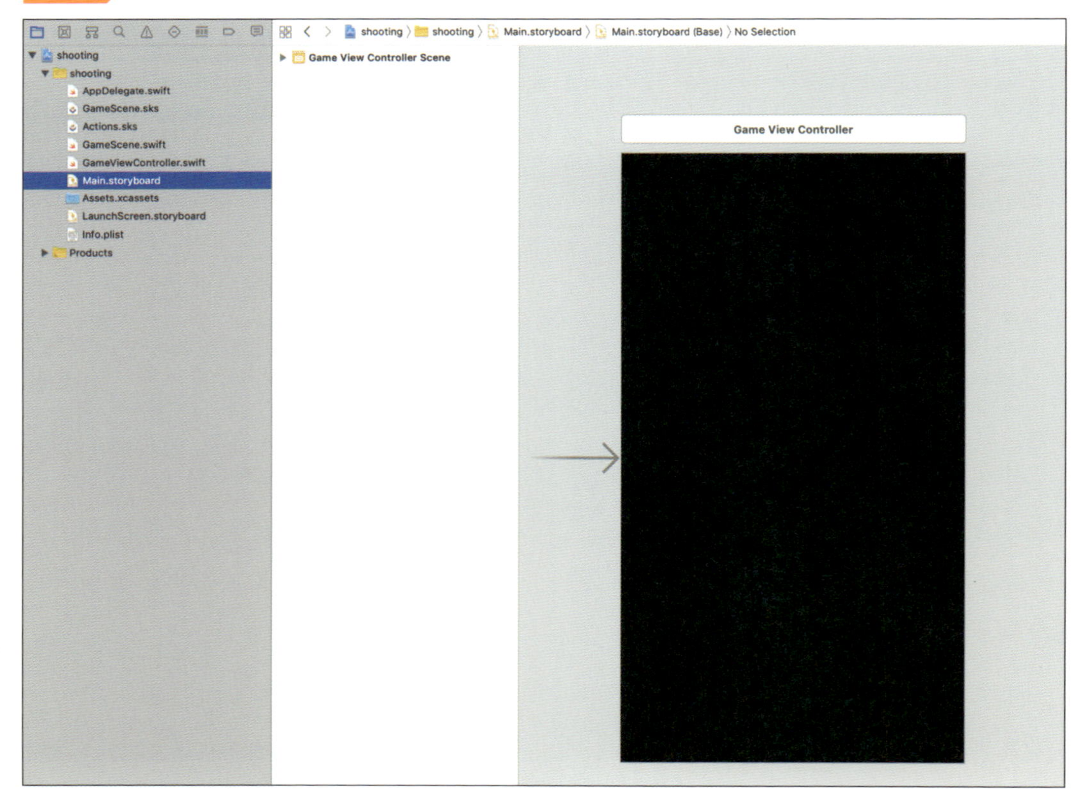

インスペクタペイン

インスペクタペインは、開いているファイルの情報表示や設定を行ったり、画面デザイン時に部品の設定を行ったりすることができます（図7-17）。

オブジェクトライブラリ

Xcodeの上部右側の方にあるボタンをクリックするか、Command＋Shift＋Lキーを押すとオブジェクトライブラリ（図7-18）を表示することができます。オブジェクトライブラリは、画面で使用するボタンやラベルといった部品を選択して画面に貼り付けることができます。

図7-17 インスペクタペイン

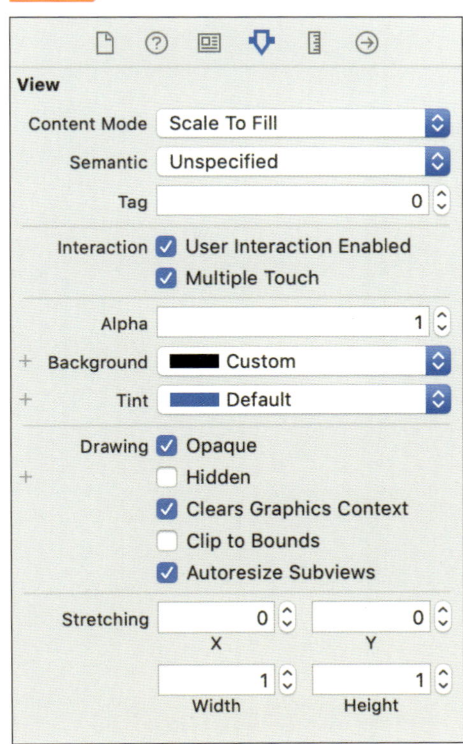

図7-18 オブジェクトライブラリ

◎ 実行してみよう

プロジェクトの作成が完了し、Xcodeの各部の機能概要を理解したら一度実行をしてみましょう。

Xcodeのツールバーで任意のシミュレータを選択し実行ボタンをクリックしてください。

しばらくすると、シミュレータが起動して黒い画面に「Hello, World」という文字列が表示されます。

画面上をマウスでクリックすると、「Hello, World!」の文字が小さくなるとともに、角が丸い四角形が表示されて回転します。角が丸い四角形はドラッグに追従して回転しながら移動します（図7-19）。

このように、Gameテンプレートを使用して作成したプロジェクトには、あらかじめ動作するプログラムが組み込まれています。

以降の説明では、必要に応じて画面をデザインしたり、不要なコードを削除したりして、シューティングゲームを完成させていきます。

図7-19 プロジェクトの実行画面

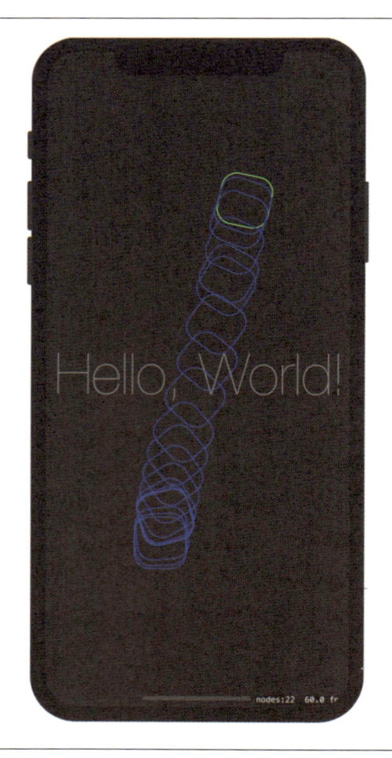

SECTION 03

画面をデザインしよう

プロジェクトの作成が完了しましたので、ここからはシューティングゲームで使用する画面を作成していきます。Main.storyboardファイルとLaunchScreen.storyboardファイルを編集して、スタート画面とゲーム画面を作成しましょう。

◎ 起動画面を作成しよう

Xcodeの左側にあるProject NavigatorでLaunchScreen.storyboardをクリックしてください。ファイルが開かれてXocdeの中央に表示されます（図7-20）。LaunchScreen.storyboardは、アプリ起動時アプリタイトルや画像を表示するスプラッシュ画面を作成するためのファイルです。Xcodeのインターフェースビルダにはiphoneの形をした画面があります。ここに、部品を配置してスプラッシュ画面を作成します。

図7-20 LaunchScreen.storyboard選択時のXcode

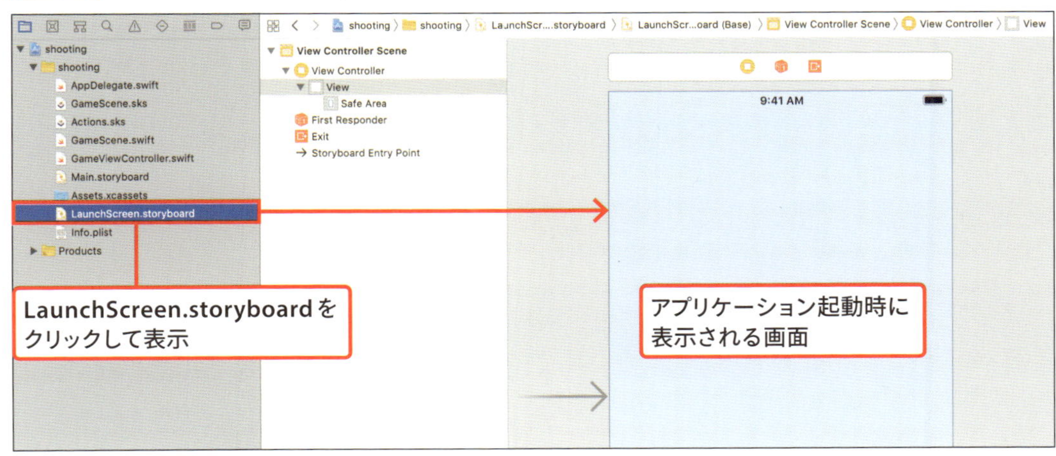

ここではゲームタイトルを表示することとします。

図7-21を参考にスプラッシュ画面を作成しましょう。

図7-21 部品の貼り付けとプロパティ操作

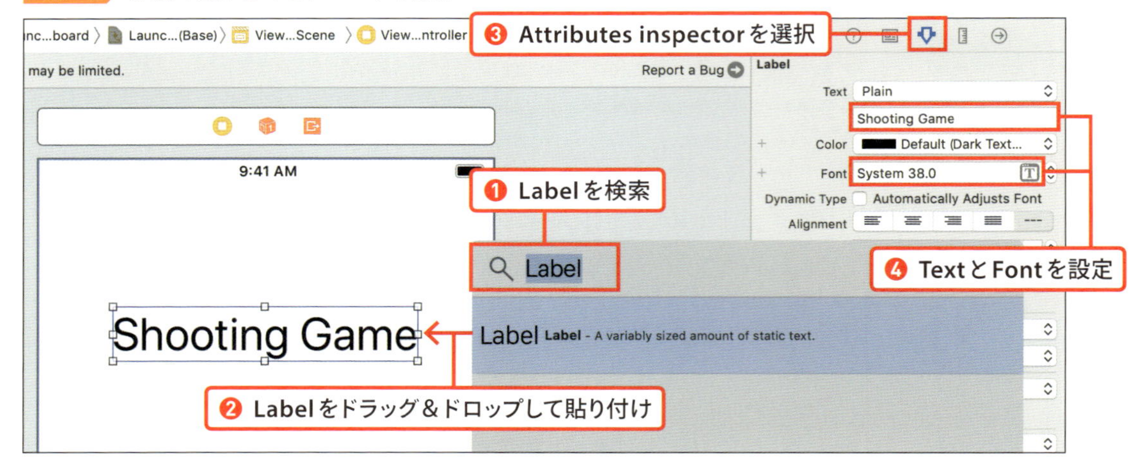

Command + Shift + L キーキーを押してオブジェクトライブラリを表示します。オブジェクトライブラリには、画面に貼り付けることができる部品の一覧が表示されます。部品には、テキストを表示することができるLabelや、文字を入力できるText Field、Buttonといったものがあります。ここではゲームタイトルを表示したいので、上部の検索窓に「Label」と入力してください(❶)。一覧にLabel部品が表示されますので、iPhoneの画面にドラッグ&ドロップして貼り付けます(❷)。

次に、貼り付けたLabelを選択状態にして、Attributes inspectorを表示します(❸)。ここではLabelのプロパティを変更することができます。Text欄に「Shooting Game」と入力し、Font欄を操作してサイズを38に変更してみましょう(❹)。

他にも画像を表示したり背景色を変更したりすることで、起動画面を装飾することが可能ですが、本書ではここまでとします。

◎ タイトルを中央に配置しよう

iOSアプリは、iPhoneX、iPhone XR、iPadなど様々なデバイスで動作させることができます。デバイスごとに画面のサイズは異なりますので、デザイン時に中央にLabelを配置したとしても、必ずしも画面の中央に表示されるとは限りません。

そこで、どのデバイスで動作させても、配置した部品を決まった位置に表示させる工夫が必要になります。これを解決するのが「制約(Constraints)」です。

制約を使用すると、部品を画面中央に配置したり、「左から10上から5の位置」のように表示位置を指定したりすることができます。これにより、デバイスサイズにとらわれない画面デザインを行うことができます。

ここでは、先ほど配置したタイトルを画面中央に表示されるように設定しましょう。

配置したラベルをクリックして選択したら、図7-22に示すように画面下にある「Align」アイコンをクリックして「Horizontally in Container」と「Vertically in Container」にチェックを付け［Add 2 Constraints］ボタンをクリックします。「Horizontally in Container」は水平方向の中央を、「Vertically in Container」は垂直方向の中央を意味します。幅や高さがどれくらいあるのかに関係なく、「中央」という指定を「制約」として付けることで、どのデバイスでも画面中央に表示されるようになります。制約が追加されると、Labelは画面中央に配置され、水平方向と垂直方向に中心位置を表す青い線が表示されます（図7-23）。

図7-22 制約の設定

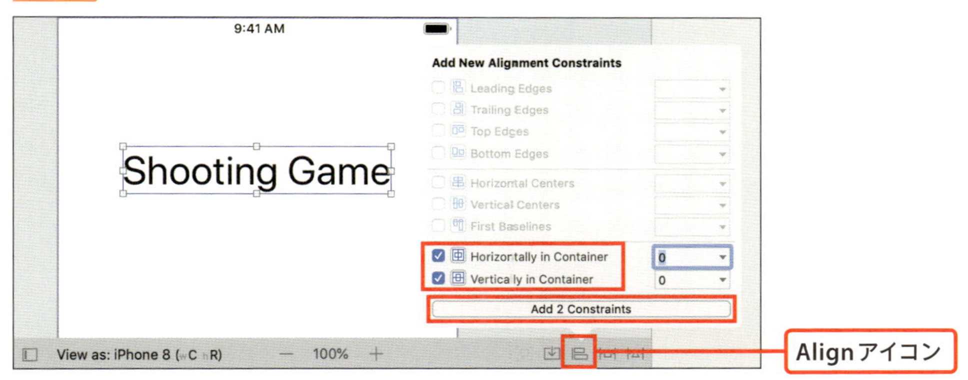

図7-23 画面中央に配置されたLabel

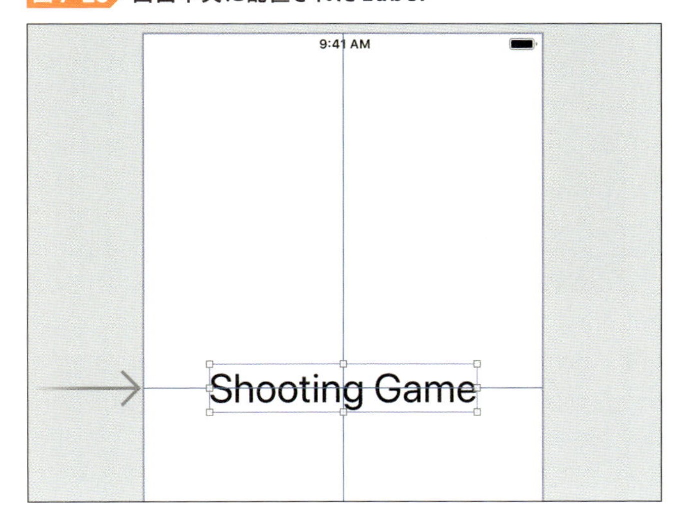

◎ スタート画面を作成しよう

続いて、スタート画面を作成しましょう。これはスプラッシュ画面起動後に、いきなりゲームが開始してしまわないようにするためです。スタート画面にはボタンを配置して、タップされたときにゲームが開始されるようにします。

起動画面はLaunchScreen.storyboardに作成しましたが、それ以外の画面はMain.storyboardに作成します。

それではプロジェクトナビゲータでMain.storyboardをクリックしてください。画面中央にMain.storyboardが表示され、その中にはiPhoneの形をした黒い画面があります。この画面は実際のゲーム画面として使用しますので、新しくスタート画面を追加します。

新しい画面は、View Controllerという部品で作成します。Command＋Shift＋Lキーを押してオブジェクトライブラリを表示し、「View Controller」を検索してください。View ControllerをMain.storyboard内のすでにある画面の左側にドラッグ＆ドロップして、もう1つの画面を作成します（図7-24）。

図7-24 View Controllerの追加

次に、元々あった黒い画面の左側にある矢印をドラッグして、新しく追加した画面にドロップします（図7-25）。この矢印は、起動画面表示後に最初に表示される画面を表しています。これで新しく追加した画面（View Controller）が最初に表示されるようになります。

図7-25 矢印の移動

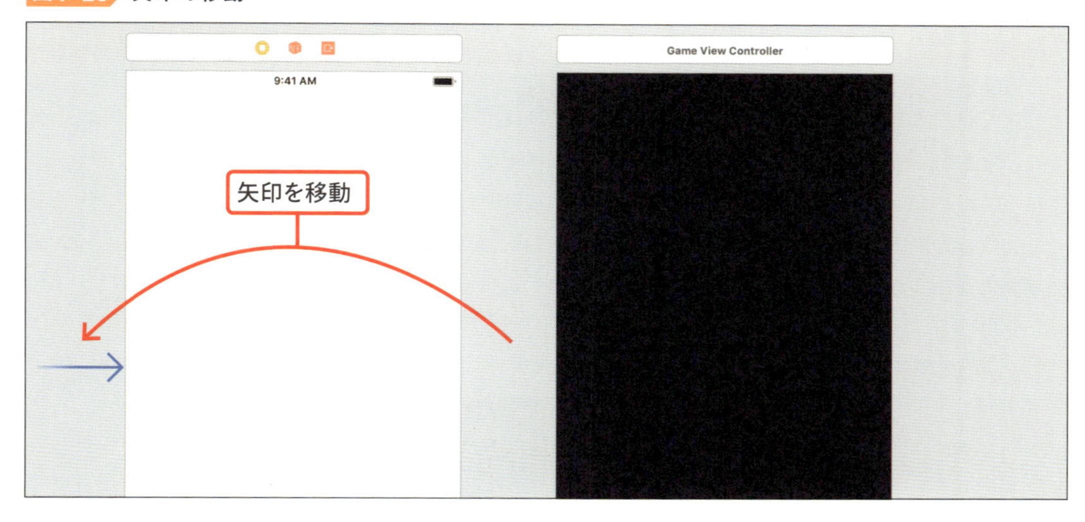

続いてObject LibraryでButtonを検索して、新しく追加した画面に配置してください。

Buttonを配置したら、選択をしてテキストを「START」に変更してフォントサイズを22に変更し、制約を追加して画面の中央に表示されるように設定をしてください（図7-26）。

図7-26 制約追加後のButton

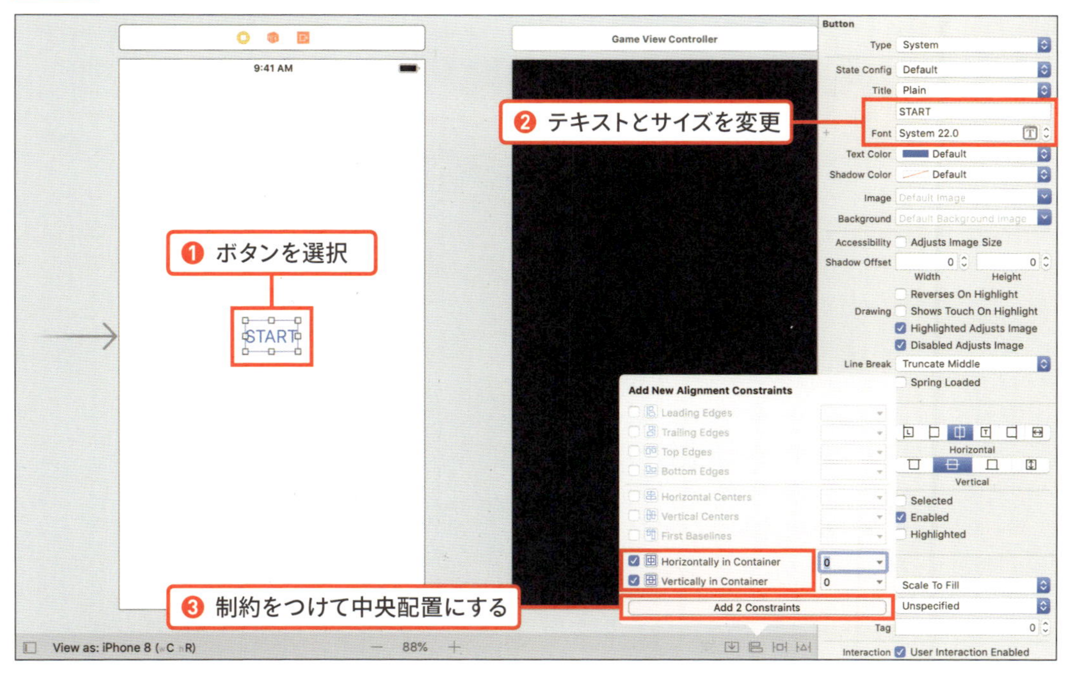

◎ スタート画面からゲーム画面が表示されるようにしよう

ここでは、[STRAT] ボタンをタップしたときにゲーム画面（黒い画面）が表示されるようにしていきます。スタート画面に配置した[START]ボタンを、Control キーを押しながら黒い画面にドラッグ＆ドロップしてください（図7-27）。[START] ボタンと新規で追加した画面が接続され、図7-28に示すように接続を表す線が追加されます。この線をSegue（セグエ）と呼びます。以上でボタンがタップされると黒い画面に遷移するようになります。

図7-27 [START] ボタンとゲーム画面の接続

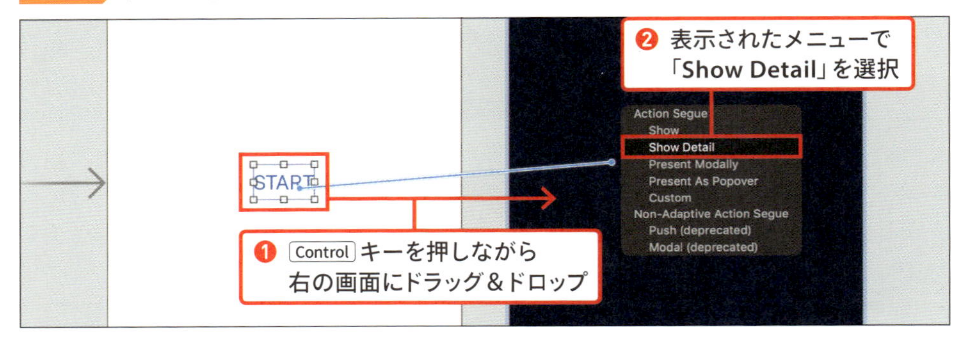

図7-28 接続完了後の Main.storyboard

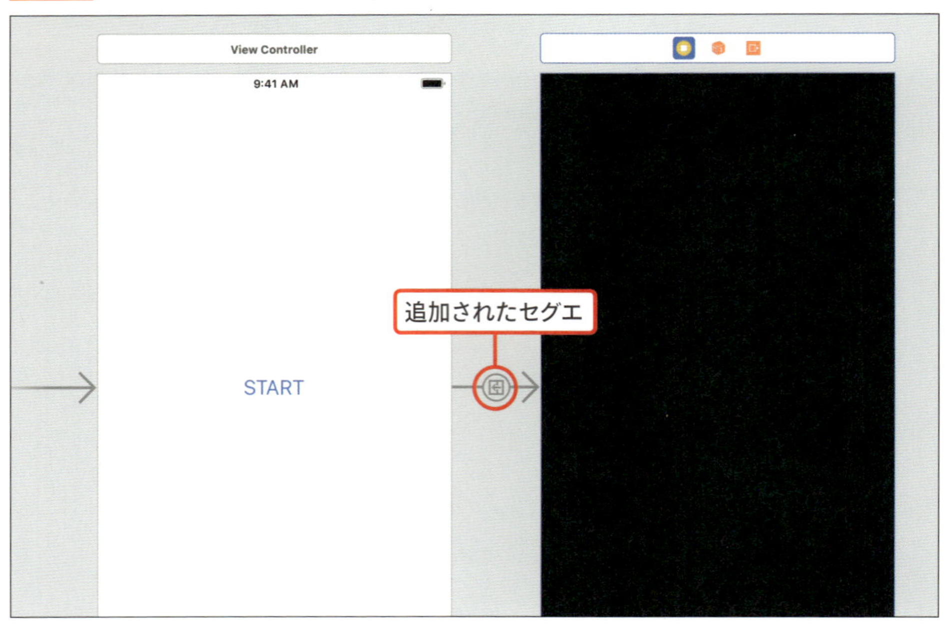

SECTION 04

キャラクターを作成しよう

ゲームで使用するキャラクターは、フリー素材を使用するという方法もありますが、著作権を気にせず使用したいのであれば自作するのが一番です。ここでは、キャラクターを作成して、プロジェクトに登録するまでを学習しましょう。

◎ パーツを組み合わせてキャラクターを作成しよう

世の中にあるものをよく見てみると、丸、三角、四角といった基本的な図形の組み合わせでできていることがわかります。よってキャラクターを自作するのであれば、PagesやNumbers、Keynoteといったアプリケーションで基本図形を組み合わせて作成することができます。筆者は普段Windowsも使用しているのでPowerPointで作成しています。

今回は、シューティングゲームを作成するので、自機となる飛行機、敵、ミサイルなどを作成する必要があります。

筆者は絵心がないのでGoogleで飛行機の絵を探して下地にし、三角や四角などの図形を配置したり、変形したりして作成をしました（図7-29）。敵は筆者が適当に作成したものです。1体作成してコピーし、色を変更することで3体の敵を作成しました。ミサイルも同様に作成しました。

キャラクターを作成したら、コピーして画像編集ソフトに貼り付けをします。以下にGimpと（https://www.gimp.org/）いうフリーの画像編集ソフトでの例を示します。

Gimpを起動したら、メニューから［編集］→［貼り付け］を選択してください。画像を貼り付けると図7-30のようになります。キャラクターの周りが、グレーの縞模様になっている部分は透過色が設定されている部分です。キャラクターの周りが透過色になっていないと、iPhoneやiPadで表示したときに、キャラクター以外の部分もその色で塗りつぶされてしまうので注意してください。Gimpへの貼り付けが完了したら［ファイル］-［名前をつけてエクスポート］を選択して、PNG形式で任意のフォルダに保存してください。

同様にして、敵とミサイルも作成をしましょう。

自機はmyShip.png、敵はenmy1.png, enemy2.png, enemy3.png、ミサイルはmissile.pngとして保存をしてください。

図7-29 キャラクターの作成

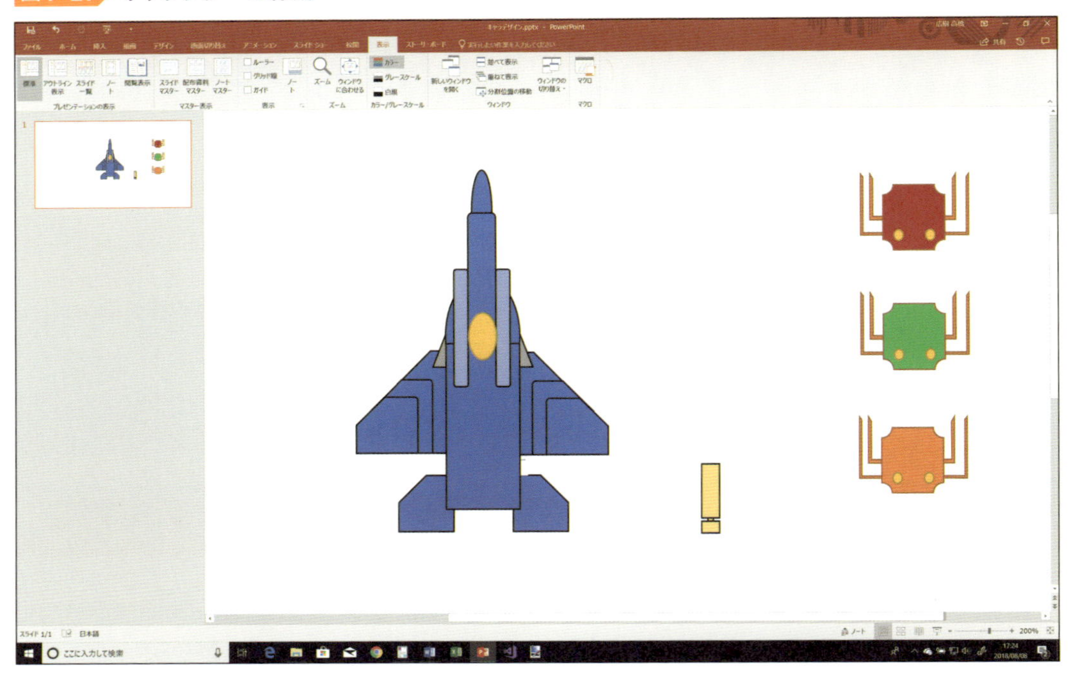

図7-30 キャラクター画像の作成

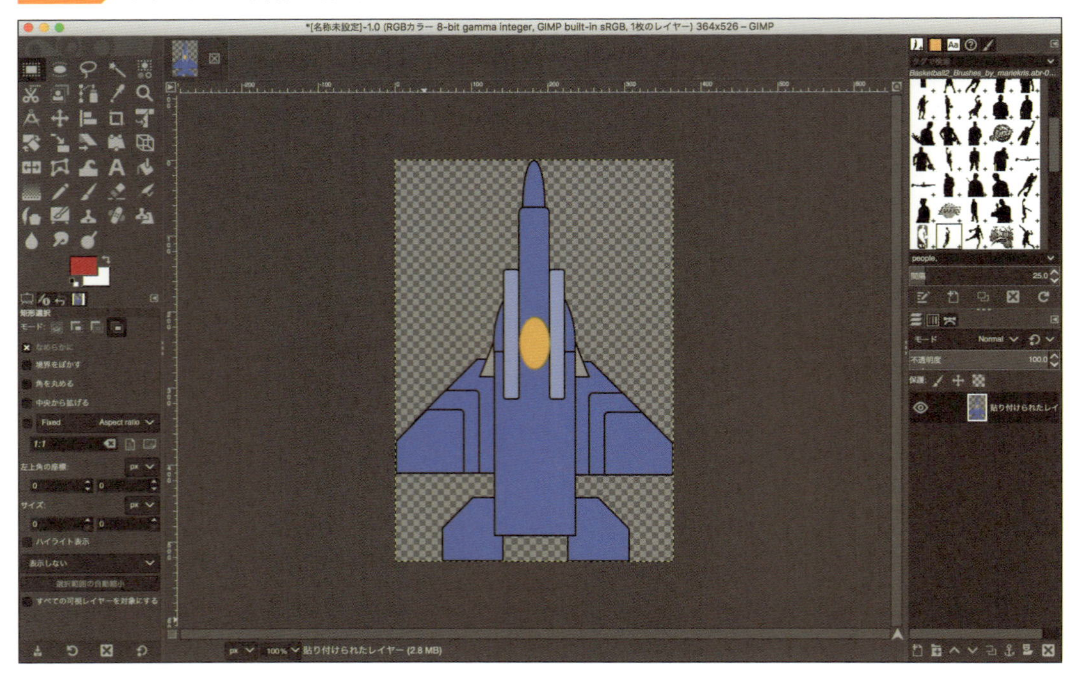

◎ Assetsにキャラクターを登録しよう

キャラクターの作成が完了しただけでは、iOSアプリケーションで使用することができません。キャラクターをiOSアプリケーションで使用できるようにしていきましょう。

Xcodeのプロジェクトナビゲータで、Assets.xcassetsフォルダをクリックしてください。

このフォルダは画像や音源など、プロジェクトで使用するリソースを登録するためのものです。Finderを開いて先ほど作成した画像があるフォルダを開いてください。次に、作成したmyShip.pngをAssets.xcassetsにドラッグ&ドロップしてください（図7-31）。キャラクターをドラッグ&ドロップすると、図7-32のように、「myShip」という名前で「1x」の場所に登録されます。

図7-31 作成したキャラクターの登録

図7-32 キャラクター登録後のAssets.xcassetsフォルダ

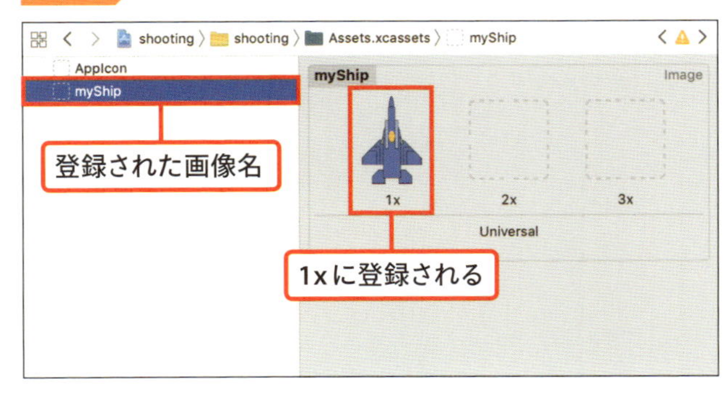

1xというのは、標準的な解像度のことを表しています。

例えば100px × 100px（pxはピクセル）という標準的な解像度の画像があるとします。これを1xとすると、2xは同じ面積に200px × 200px、3xは300px × 300pxを表示できる解像度となります。同じ面積でも、表示できるピクセル数が多いほどジャギー（輪郭のギザギザ）がなくなります（図7-33）。

図7-33 1x、2x、3xの解像度イメージ

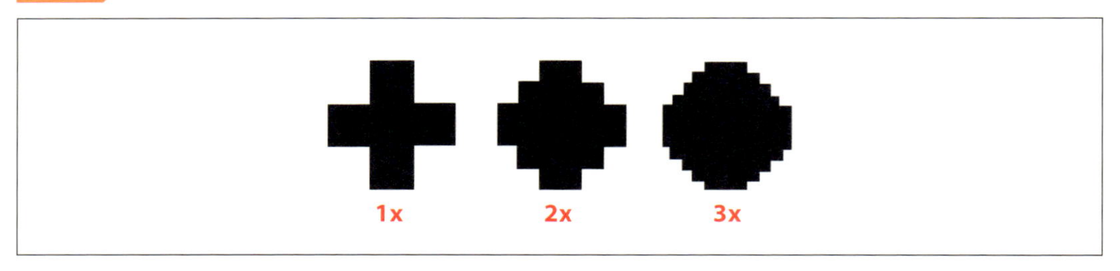

ちなみにiPhone 6s plus以降のデバイスは3xに対応しており、そのほかは2xに対応しています。

さきほど登録したmyShipは1xのところに登録されましたので、ドラッグ＆ドロップで2xのところに移動をさせてください（図7-34）。

同様にして、missile.png、enemy1.png、enemy2.png、enemy3.pngも登録してください（図7-35）。

間違えて登録してしまった場合は、その画像を右クリックして、メニューから「Remove selected Items」を選択して削除してやり直します。

図7-34 2xへの画像の登録

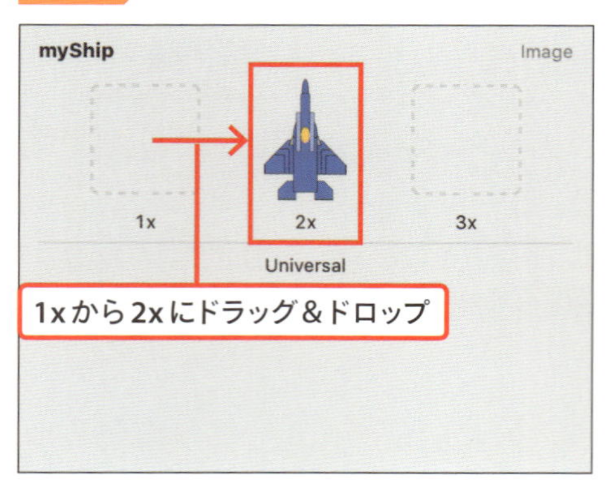

図7-35 登録後のAssets.xcassetsフォルダ

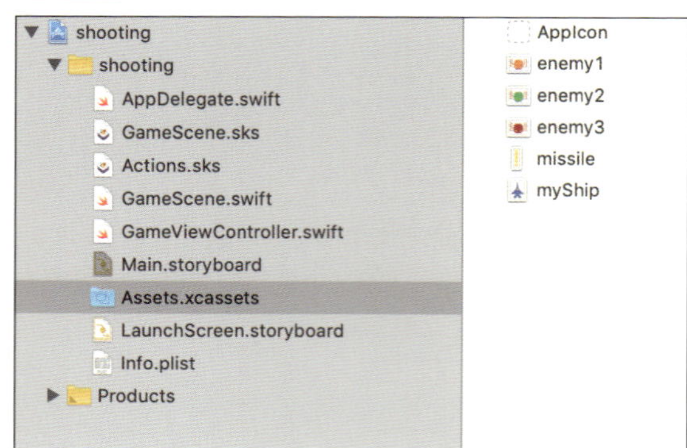

CHAPTER

8

キャラクターを表示して動かそう

SECTION 01

画面に自機を表示しよう

CHAPTER 7では、シューティングゲームを作成するための画面作りや、ゲーム内で使用するキャラクターの登録などを行いました。ここでは、実際にキャラクターを表示するためのクラスファイルを作成し、自機を表示する方法について学習しましょう。

◎ SpriteKitについて理解しよう

iOSでゲームを作成する場合、一般的にSpriteKit（スプライトキット）を使用します。SpriteKitはiOSに搭載されているゲーム開発用のフレームワーク（汎用的な機能の集まりのこと）です。

SpriteKitにはゲームの開発に必要な機能が備わっています。ゲーム内で使用する背景画像や、自機、キャラクターなどはスプライトと呼ばれる単位で扱います。SpriteKitを使用することでスプライトに対する衝突の判定やアニメーション、画面に対するタッチ操作、重力の設定などを簡単に行うことができます。

SpriteKitは、主にビュー、シーン、ノード、アクションの4つから構成されています（図8-1）。

シーンはキャラクターやテキストを表示するための土台となり、ビューはシーンを表示するための土台となります。シーンの上に表示するノード（キャラクターや文字）は、アクションを使ってノードに動きを付けることができます。

図8-1 SpriteKitの構成要素

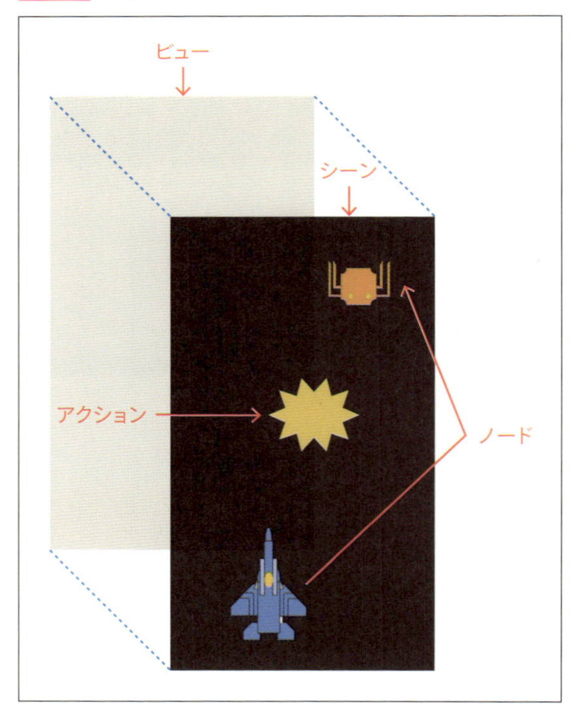

◎ 座標系を理解しよう

画面上にボタンやラベル、キャラクターなどを配置するには座標を意識する必要があります。

SpriteKitを使用する場合はSKViewというクラスを使用します。よって、作成するゲーム画面はSKViewを使用します。SKViewは画面中央を原点とし、横軸がx座標で縦軸がy座標になります（図8-2）。

CHAPTER 7で作成した起動画面やSTART画面は、UIKitフレームワークのUIViewクラスを使用しており、こちらは画面左上を原点とします。

iOSでは、SpriteKitを使用するか、UIKitを使用するかで座標系が異なりますので、どちらを使用しているかを意識するようにしましょう。

図8-2 SKViewとUIViewの座標系

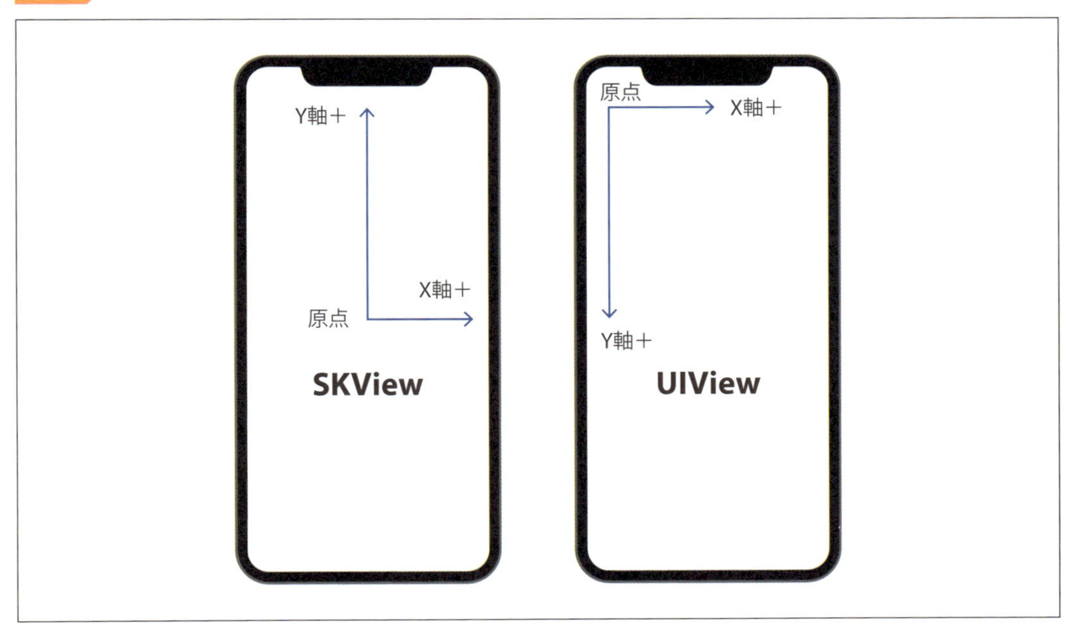

◎ シーンを準備しよう

座標系について理解できたら、自機を表示するためのシーンを準備しましょう。

シーンはプロジェクト作成時に自動で追加されたGameScene.sksファイルを利用します。拡張子がsksのファイルは、SpriteKit Sceneファイルを表します。スタート画面を作成するときにボタンを配置したように、ノードを選択してマウスで配置をすることができるファイルです。本書では、コードを書いて自機や敵を表示させますので、このファイルにマウスでキャラクターを配置することはありません。黒色ですので、宇宙空間を表現する背景としてのみ使用します。

それでは背景を編集しましょう。プロジェクトナビゲータでGameScene.sksファイルをクリックすると、「Hello World!」と書かれたLabelが配置されています。

シューティングゲームでは、この「Hello World!」は使用しませんので、マウスでクリックして選択し、delete キーをクリックして削除してください。

図8-3 「Hello World!」の削除

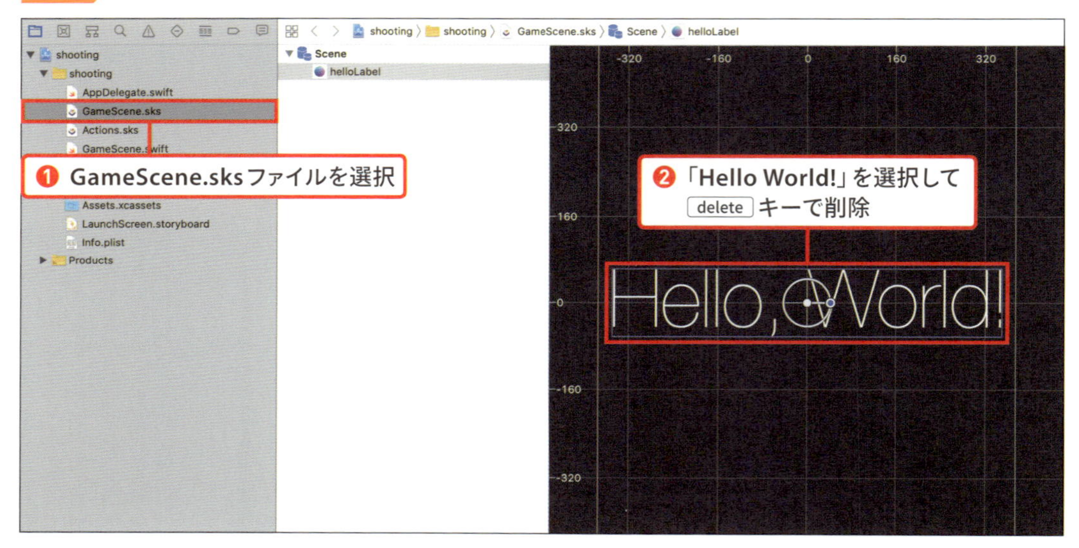

◎ 不要なコードを削除しよう

続いて、プロジェクトナビゲータでGameScene.swiftファイルを選択してください。

このファイルには、実際にゲームのコードを記述します。現時点では、「Hello World!」がクリックされたときの処理が記述されていますので、必要最低限のコードのみにします。

リスト8-1のように編集をして Command ＋ S キーを押して上書き保存をしてください。なお、各リストは、必要最低限のみ掲載します。**CHAPTER 8**で作成する全ソースはダウンロードおよび巻末に掲載しますので、必要に応じて参照してください。

リスト 8-1 GaemeScene.swift

```
001: import SpriteKit
002: import GameplayKit
003:
004: class GameScene: SKScene {
005:
006:     override func didMove(to view: SKView) {
007:
008:     }
009:
010:     override func touchesBegan(_ touches: Set<UITouch>, with event: UIEvent?) {
011:
012:     }
013:
014: }
```

◎ 自機を表示しよう

先ほどのGameScene.swiftを編集して、自機が表示されるようにしましょう。

GameSceneクラスの中にあるdidMoveというメソッドは、ゲーム画面が表示されたときに最初に実行されるメソッドです。このdidMoveメソッドの中で、シーンに自機を表示するコードを記述します。

自機を画面に表示するには、以下の手順で行います。

1. Assets.xcassetsフォルダから自機のイメージファイルを読み込む
2. 画面に対して自機をどのくらいのサイズで表示するか計算する
3. 自機のサイズを設定する
4. 自機の表示位置を設定する
5. シーンに自機を表示する

上記手順で作成したコード例をリスト8-2に示します。

リスト8-2 自機の表示

```
001: class GameScene: SKScene {
002:
003:     var myShip = SKSpriteNode()
004:
005:     override func didMove(to view: SKView) {
006:         var sizeRate: CGFloat = 0.0
007:         var myShipSize = CGSize(width: 0.0, height: 0.0)
008:         let offsetY = frame.height / 20
009:
010:         // 画像ファイルの読み込み
011:         self.myShip = SKSpriteNode(imageNamed: "myShip")
012:         // 自機を幅の1/5にするための倍率を求める
013:         sizeRate = (frame.width / 5) / self.myShip.size.width
014:         // 自機のサイズを計算する
015:         myShipSize = CGSize(width: self.myShip.size.width * sizeRate,
                                    height: self.myShip.size.height * sizeRate)
016:         // 自機のサイズを設定する
017:         self.myShip.scale(to: myShipSize)
018:         // 自機の表示位置を設定する
019:         self.myShip.position =
             CGPoint(x: 0, y: (-frame.height / 2) + offsetY + myShipSize.height / 2)
020:         // シーンに自機を追加（表示）する
021:         addChild(self.myShip)
022:     }
023:
024:     override func touchesBegan(_ touches: Set<UITouch>, with event: UIEvent?) {
025:
026:     }
027: }
```

それでは、コードを詳しく見ていきましょう。

自機イメージファイルの読み込み

キャラクターはスプライトという単位で扱います。3行目で、SKSpriteNodeをインスタンス化してスプライトを作成しています。自機を格納するので、myShipというプロパティにしました。ここではインスタンス化しただけで、自機の画像は設定されていません。

11行目で画像ファイルからスプライトを作成しています。SKSpriteNodeの引数にはイメージ名を指定します。「imageNamed："Assets.xcassetsフォルダのイメージ名"」と指定することで、Assets.xcassetsフォルダにある画像からスプライトを作成することができます。

画面上での自機のサイズを計算して設定する

作成したスプライトは必ずしも適切な大きさで表示されるとは限りません。Assets.xcassetsフォルダに登録したときのサイズが大きければ、画面からはみ出す場合もありますし、小さすぎる場合もあります。また、使用するデバイスによっても表示される大きさは異なります。

そこで画面の高さや幅を基準にして、自機をどれくらいの大きさで表示するかを計算します(図8-6)。

図8-6 表示倍率の計算

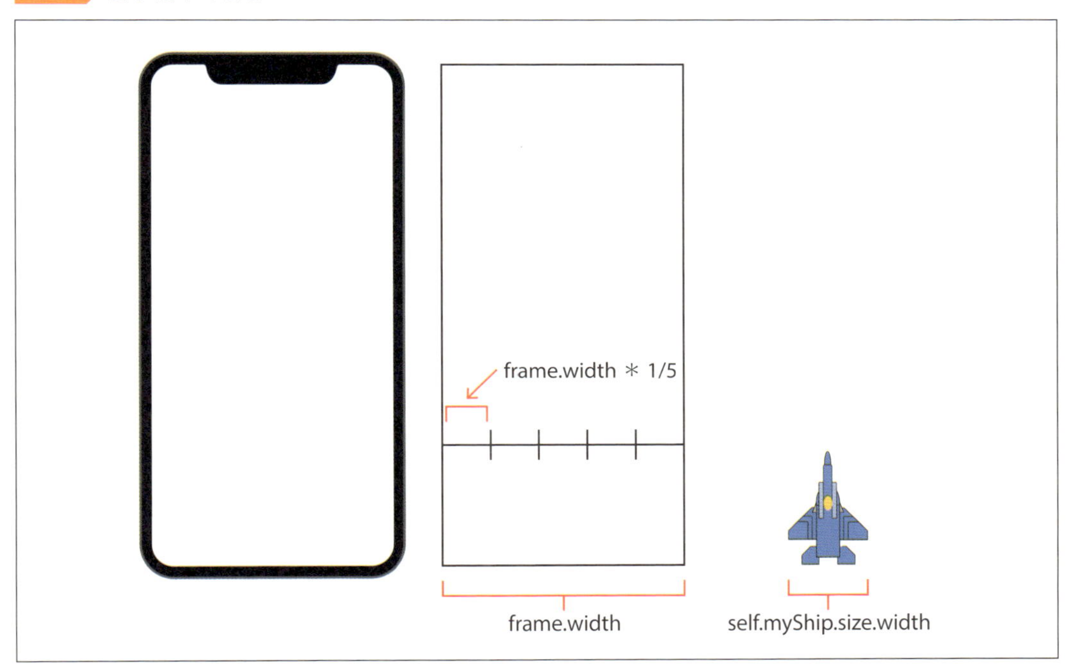

13行目は、スプライトが画面幅の1/5の大きさになる倍率を求めています。画面幅はframe.widthで取得することができますので、5で割ってから自機の幅(self.myShip.size.width)で割ることで、画面幅の1/5で表示できる倍率を求めています。代入先のsizeRate(CGFloat型)は6行目で宣言しています。CGFloatは幅と高さをセットにして管理することができるデータ型で、0.1や0.3のような小数を代入することができます。

次に15行目で、自機のサイズを計算しています。CGSizeは幅と高さの値を持つことができるデータ型です。11行目で作成したスプライトの幅(slef.myShip.size.width)と高さ(self.myShip.size.height)に12行目で求めた倍率を掛けて、画面幅の1/5に縮小したサイズを求めています。

スプライト(ここでは自機)のサイズの表示倍率を設定するにはscaleメソッドを使用します(17行目)。引数には15行目の計算で求めたサイズ(myShipSize)を渡します。

表示位置を設定する

自機の表示位置はself.myShip.positionプロパティに設定します(19行目)。このプロパティにはCGPointの値を設定します。CGPointは第1引数にx座標の値を、第2引数にy座標の値を指定します。

自機の座標(self.myShip.position)の値は、スプライトの基準点(中心位置のこと。図8-7右参照)に対して設定されることを考慮して計算する必要があります。

ここでは、画面のx軸の中心、y軸が画面の一番下から少し離れた位置に表示させることとします(図8-7左側)。

図8-7 自機の表示位置

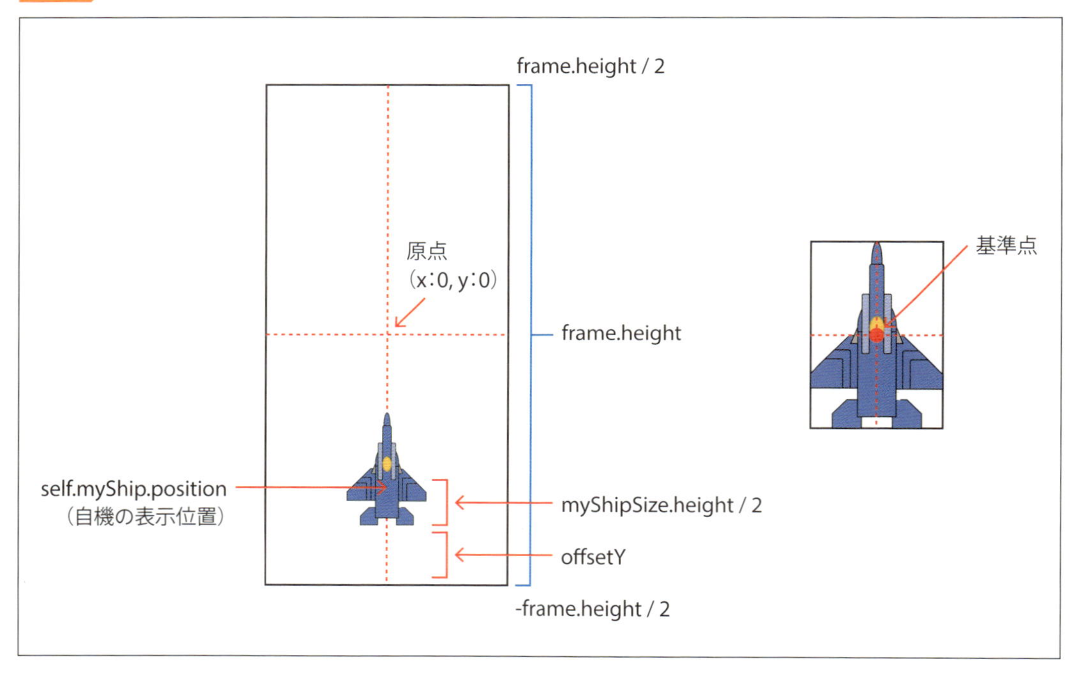

自機の横方向の表示位置は中心にしますので、x軸の値は0になります。自機の縦方向の表示位置は、画面一番下から少し(offset分)だけ離れたところとします。はじめに、画面一番下のy軸の値を求めます。

y軸は、はじめに画面一番下の座標を求めます。画面中央のy座標は0、画面の高さはframe.heightで取得することができますので、画面の一番下のy座標は、「-frame.height / 2」で求めることができます。

次に、画面一番下から少し離れた位置(変数offsetY)を加算します。offsetYの値は8行目で計算したものを使用しています。画面高さの1/20の位置にしたいので「frame.height / 20」としています。

最後に、自機の基準点までの距離を加算します。基準点までの距離は、「自機の高さ÷2」で求めることができますので「myShipSize.height / 2」を加算しています。

シーンへの表示

自機（self.myShip）に対して、画像の設定、サイズの設定、表示位置の設定が終わったら、addChildメソッドを使用してシーンに表示させます（21行目）。

このaddChildメソッドを実行しないと、画面に表示されないので注意しましょう。

実行してみよう

ここまでのコードの入力が完了したら、ツールバーでシミュレータを選択して実行ボタンを押してください。図8-8に示すように、［START］ボタンをタップすると、黒い画面に自機が表示されることを確認しましょう。エラーになってしまった場合は、入力したコードの内容を確認して修正してください。

図8-8 実行例

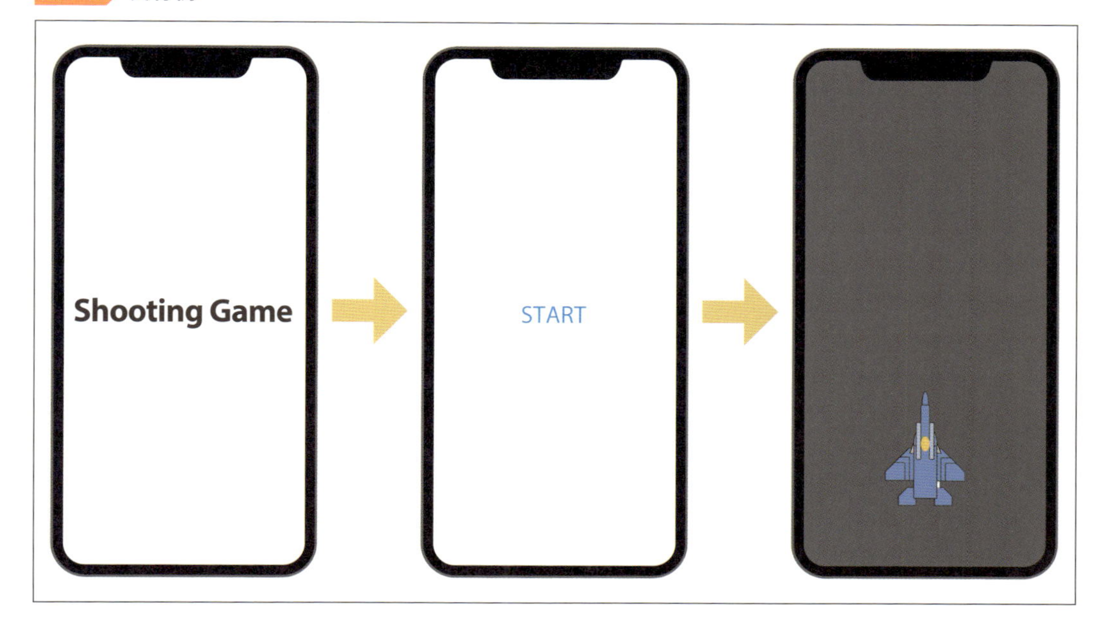

SECTION 02

画面に敵を表示しよう

自機を、任意のサイズ、任意の位置に表示させる方法がわかりました。ここでは、自機を表示させる方法を応用して、敵を表示させる方法を学習しましょう。なお、3種類の敵をランダムで表示させ、一定時間ごとに上から下に向かって移動するように作成をします。

◎ 敵を表示させるメソッドを作成しよう

自機の表示処理は、didMoveメソッド内に書きました。これは、ゲーム開始時に自機を表示させるためでした。一方、敵はゲームオーバーになるまで何度も表示させる必要があります。そこで、敵を表示するメソッドを作成し、呼び出されるごとに敵が表示されるようにします。

GameScene.swiftに、敵を表示するメソッドmoveEnemyを追加したコード例を示します(リスト8-3)。

リスト8-3 moveEnemyメソッドの追加 (GameScene.swift)

```
001: class GameScene: SKScene {
002:
003:     var enemyRate: CGFloat = 0.0  // 敵の表示倍率用変数の追加
004:     var enemySize = CGSize(width: 0.0, height: 0.0)  // 敵の表示サイズ用変数の追加
005:     var timer: Timer?
006:
007:     override func didMove(to view: SKView) {
008:
009:         省略
010:
011:         // 敵の画像ファイルの読み込み
012:         let tempEnemy = SKSpriteNode(imageNamed: "enemy1")
013:         // 敵を幅の1/10にするための倍率を求める
014:         enemyRate = (frame.width / 10) / tempEnemy.size.width
015:         // 敵のサイズを計算する
016:         enemySize = CGSize(width: tempEnemy.size.width * enemyRate,
017:                            height: tempEnemy.size.height * enemyRate)
```

```
018:
019:         // 敵を表示するメソッドmoveEnemyを1秒ごとに呼び出し
020:         timer = Timer.scheduledTimer(withTimeInterval: 1.0, repeats: true,
021:                                      block: { _ in
022:             self.moveEnemy()
023:         })
024:     }
025:
026:     /// 敵を表示するメソッド
027:     func moveEnemy() {
028:         let enemyNames = ["enemy1", "enemy2", "enemy3"]
029:         let idx = Int.random(in: 0 ..< 3)
030:         let selectedEnemy = enemyNames[idx]
031:         let enemy = SKSpriteNode(imageNamed: selectedEnemy)
032:
033:         // 敵のサイズを設定する
034:         enemy.scale(to: enemySize)
035:         // 敵のx方向の位置を生成する
036:         let xPos = (frame.width / CGFloat.random(in: 1...5)) - frame.width / 2
037:         // 敵の位置を設定する
038:         enemy.position = CGPoint(x: xPos, y: frame.height / 2)
039:         // シーンに敵を表示する
040:         addChild(enemy)
041:
042:         // 指定した位置まで2.0秒で移動させる
043:         let move = SKAction.moveTo(y: -frame.height / 2, duration: 2.0)
044:         // 親からノードを削除する
045:         let remove = SKAction.removeFromParent()
046:         // アクションを連続して実行する
047:         enemy.run(SKAction.sequence([move, remove]))
048:     }
049:
050:     省略
051: }
```

敵の表示サイズを計算する

敵のサイズは一貫して同じサイズを使用することとします。よってdidMoveメソッド内で作成して、後述するmoveEnemyメソッドで使い回します。このようにすることで、敵のサイズを何度も作成する必要がなくなります。既存のdidMoveメソッドの最後に、11～17行目のコードを追加してください。このコードは、自機のサイズ作成方法と同じですので説明は省略します。

表示する敵とサイズの設定をする

敵を画面に表示するメソッドはmoveEnemyとします(27〜48行目)。Assets.xcassetsフォルダには、enemy1〜enemy3の3体の敵を追加しましたね。ここではmoveEnemyメソッドが呼ばれるために、この3体の敵をランダムで表示されるようにします。

28行目は、敵3体の名前を配列に格納しています。これによりenemyNames[0]には「enemy1」が、enemyNames[1]には「enemy2」が、enemyNames[2]には「enemy3」が格納されます。

29行目は0〜2までの乱数を発生させて、変数idxに代入しています。30行目でenemyNames[idx]とすることで、毎回異なる敵がselectedEnemyに格納されるようになります。

31行目は、30行目でランダムに選択された敵の名前からスプライトを作成しています。

34行目で敵のサイズを設定しています。

敵の表示位置を設定する

敵は画面の上から一番下に向かって移動をさせることとします。ただし、表示されるx座標が常に同じだとおもしろくありませんので、毎回ランダムになるように作成をします。

36行目で敵のx座標の表示位置を計算しています。(frame.width / CGFloat.random(in：1..5))の部分は、画面幅を5分割したどこか(ランダムで求めたCGFloatの値(1〜5の範囲のいずれか))を求めているものです。計算結果は常に正の値になるので、そのまま使用すると画面中心より右側に敵が表示されてしまいます(図8-9)。これはx座標の0は画面中心であるためです。よって、計算結果に「- frame.width / 2」をすることで、画面左端から右端までの範囲の中に納まるようにします。

38行目は敵の位置を設定するものです。x座標には36行目で計算した値を使用し、y座標には画面上部の値(-frame.height / 2)を指定しています。

最後に、40行目のaddChildでシーンに表示させます。

図8-9 表示位置の計算

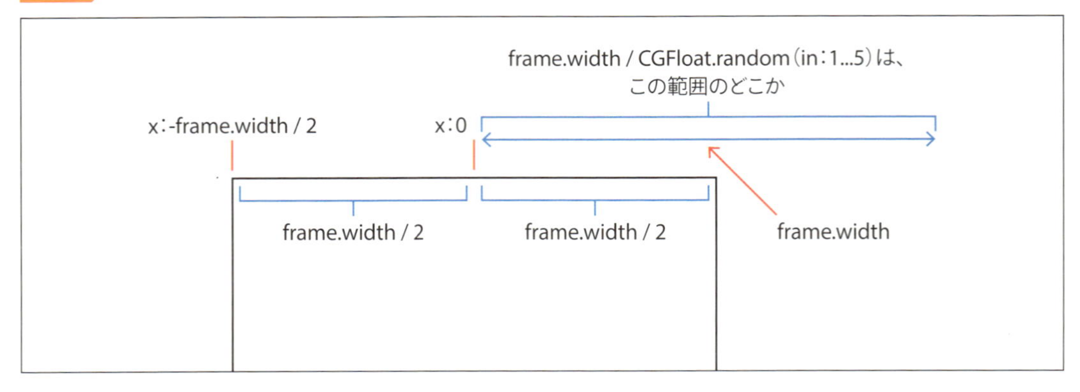

敵にアクションを設定する

42行目以降は、敵にアクション（動き）を付けるコードです（図8-10）。

現在表示している位置から、指定した位置まで動かしたい場合はSKAction.moveToメソッドを使用します（43行目）。moveToメソッドはいくつかのオーバーロードがありますが、敵を画面の下（y方向）に移動させるだけですので、y座標の値のみを変化させることができるメソッドを使用しています。第1引数には移動先となるy座標を、第2引数には何秒かけて移動するのかを指定します。ここでは、画面の一番下まで2秒かけて移動することを指定しています。

45行目のSKAction.removeFromParentはシーンから削除するためのメソッドです。

43行目のコードと、45行目のコードは、記述しただけではアクションは実行されません。このアクションを実行するために、スプライトが持つrunメソッドを実行します（47行目）。runメソッドに渡しているSKAction.sequenceは作成したアクションを連続で実行させることができるメソッドです。ここでは43行目で作成したmoveと45行目で作成したremoveを指定していますので、敵が画面の下まで2秒かけて移動し終わったら、画面（シーン）から消えるというアクションが実行されます（図8-10）。

図8-10 敵のアクション

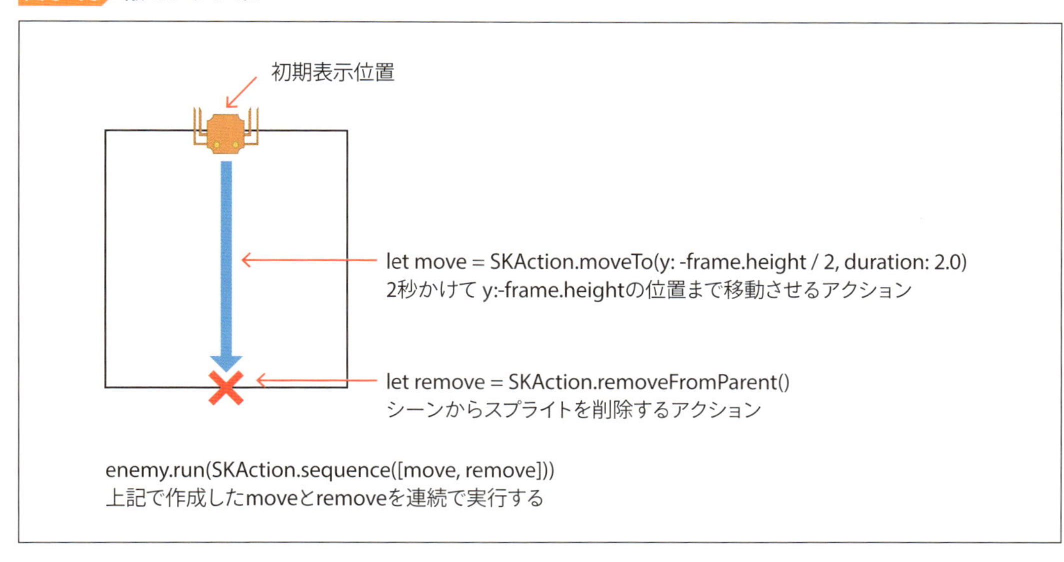

最後に、作成したmoveEnemyメソッドをdidMoveメソッドから呼び出す処理（20行目）を追加してください。Timer.scheduledTimerというメソッドは、指定したメソッドを繰り返し呼び出せる機能を持っています、第1引数には「1.0」を指定していますので、1秒ごとにmoveEnemyメソッドを呼び出します。また、第2引数にtrueを指定することで何度も繰り返し実行するようになります。

以上で、ゲーム画面が表示されると、敵が上から下へと移動するアニメーションが実行されます。

SECTION 03

自機を動かそう

自機を表示して敵を動かすところまで作成しました。現時点では、自機は画面下部の中央に固定されたままです。ここではセンサーでデバイスの傾きを判断し、自機が左右に動くようにしていきます。

◎ センサーを使用しよう

iOSでセンサーを使用するには、CoreMotionと呼ばれるフレームワークを使用します。CoreMotionでは、加速度センサーやジャイロスコープ、歩数計、気圧計などを使用することができます。

デバイスを傾けて自機を左右に動かすためには、加速度センサーを使用します。
加速度センサーは、軸に沿った速度の変化を測定することができます。iPhoneやiPadといったすべてのiOSデバイスは、図8-11に示すx軸、y軸、z軸の加速度を出力します。

シューティングゲームではx軸の加速度を利用して、左右に移動させることとします。

加速度センサーを利用するには、以下の手順で行います。

❶ 加速度センサーの測定間隔時間の設定
❷ 加速度センサー値の取得
❸ シーンの更新

上記手順で作成したコード例をリスト8-4に示します。

図8-11 加速度センサーの各軸イメージ

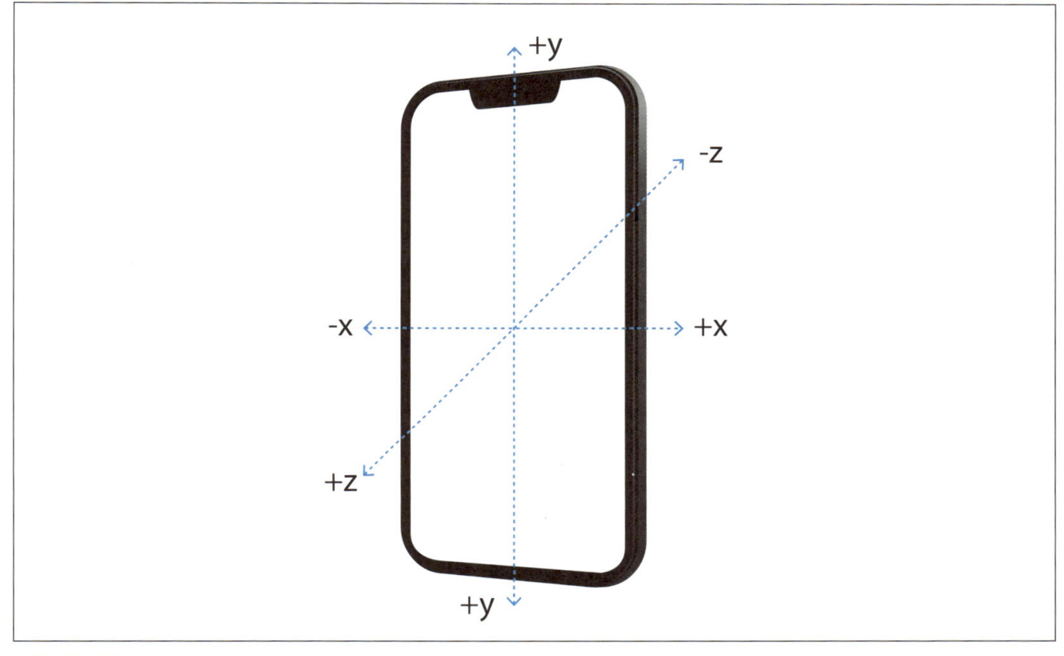

リスト8-4 加速度センサーによる自機の移動

```
001: import CoreMotion
002:
003: class GameScene: SKScene {
004:
005:     省略
006:
007:     let motionMgr = CMMotionManager()
008:     var accelarationX: CGFloat = 0.0
009:
010: override func didMove(to view: SKView) {
011:
012:     省略
013:
014:     // 加速度センサーの取得間隔を設定取得処理
015:     motionMgr.accelerometerUpdateInterval = 0.05
016:     // 加速度センサーの変更値取得
017:     motionMgr.startAccelerometerUpdates(to: OperationQueue.current!) { (val, _) in
018:             guard let unwrapVal = val else {
019:                 return
020:             }
021:             let acc = unwrapVal.acceleration
022:             self.accelarationX = CGFloat(acc.x)
023:             print(acc.x)
```

```
024:         }
025:     }
026:
027:         /// シーンの更新
028:         override func didSimulatePhysics() {
029:             let pos = self.myShip.position.x + self.accelarationX * 30
030:             if pos > frame.width / 2 - self.myShip.frame.width / 2 { return }
031:             if pos < -frame.width / 2 + self.myShip.frame.width / 2 { return }
032:             self.myShip.position.x = pos
033:         }
034:
035:         省略
036:     }
```

CoreMotionのimport

冒頭でも説明した通り、センサーを使用するにはCoreMotionを使用します。

GameScene.swiftファイル内の上部（importが並んでいる箇所）に、1行目のコードを追加して、センサーを利用できるようにします。

加速度センサー値の設定と取得

加速度センサーの設定と値を取得するコードは14〜24行目のコードです。このコードは、既存のdidMoveメソッドの最後に追加をしてください。

自機をデバイスの傾きで動かすようにするには、一定間隔ごとに加速度センサーの値を取得し、その値を元に自機の位置を変えるようにします。

加速度センサーはCMMotionManagerクラスを使用するので、7行目で準備をしています。

加速度センサーの値を取得する間隔は、CMMotionManagerクラスのaccelerometerUpdateIntervalプロパティに指定します（15行目）。この値の単位は秒です。ここでは0.05秒という短い間隔で更新するように設定しています。これにより加速度センサーの値を0.05秒おきに取得して自機の位置を更新できるようになります。仮に「1秒」という時間を指定した場合は、自機の位置が更新されるのは1秒ごとになるために、ガクガクした動きになってしまいます。自機がなめらかに動くようにするには、なるべく短い間隔を設定するようにします。

次に、先ほど指定した0.05秒ごとに加速度センサー値を取得するコードについて説明します。加速度センサー値の取得は、17行目〜24行目のstartAccelerometerUpdatesメソッドで行います。少し難しい記述になっていますが、様々なコードを書いていくうちに慣れますので現時点では深く理解する必要はありません。

加速度センサーの情報は変数valに入っています。しかし、変数valに格納されている値はOptional型なので、18〜20行目のguard文でアンラップしています。ここではvalの値をアンラップしてunwrapValに代入しています。valの値がnilだった場合はreturnでstartAccelerometerUpdatesメソッドを抜けます。

21行目は加速度センサーの軸の値を取得してaccに代入しています。accには3軸分の値が格納されますので、22行目でx軸の値を取り出してCGFloat型に変換したものをaccelarationXに代入しています。CGFloat型に変換しているのは、自機の位置計算をCGFloat型で行う必要があるためです。

23行目は、センサーの値を確認するコードです。実際にデバイスでアプリを実行したときに、センサーの値の変化を確認するためのものです。不要な場合は省略しても構いません。

シーンを更新する

センサーの値をself.accelarationXに取得することができましたので、シーンを更新して自機を動かしましょう。

GameSceneクラスの継承元のSKSceneクラスには、物理シミュレーションやセンサーの値が更新されたときに自動で実行されるdidSimulatePhysicsというメソッドがあります。このメソッドをGameSceneクラス内でオーバーライドすると、加速度センサーの値が更新されるごと（0.05秒間隔）に実行されるようになります（28〜33行目）。

29行目は、現在の自機の位置（self.myShip.position.x）に、22行目で取得した加速度センサーの値を足して、新しい表示位置（pos）を求めています。加速度センサーの値は0〜1の範囲の小さな値が返ってきますので、30を掛けて大きな値にしています。この「30」という値は、筆者が適当に決めた値です。この値を変えることで自機の動くスピードが変わりますので、実際に実行をしてみてゲームに最適な値に変更をしましょう。

次に、求めた表示位置（pos）が画面からはみ出さないかをチェックします。

自機は中心に座標を持ちますので、図8-12に示すように可動範囲を設定する必要があります。

30行目は、画面右端から自機がはみ出さないようにする処理です。新しく求めた位置（pos）が、画面の右半分（frame.width / 2）から自機の幅の半分（self.myShip.frame.width / 2）を引いた値よりも大きいときは、画面からはみ出してしまうのでreturnしてメソッドから抜けます。

31行目は30行目と同様の考え方で、画面の左側からはみ出さないようにするコードです。新しく求めた位置（pos）が、画面の左半分（-frame.width / 2）から自機の幅の半分（self.myShip.frame.width / 2）を引いた値より小さいときは、画面からはみ出してしまうのでreturnしてメソッドを抜けます。

画面からはみ出さないと判断できた場合は32行目を実行して、自機の位置を更新します。

以上で、デバイスの傾きで自機が動くようになります。

図8-12 自機の可動範囲

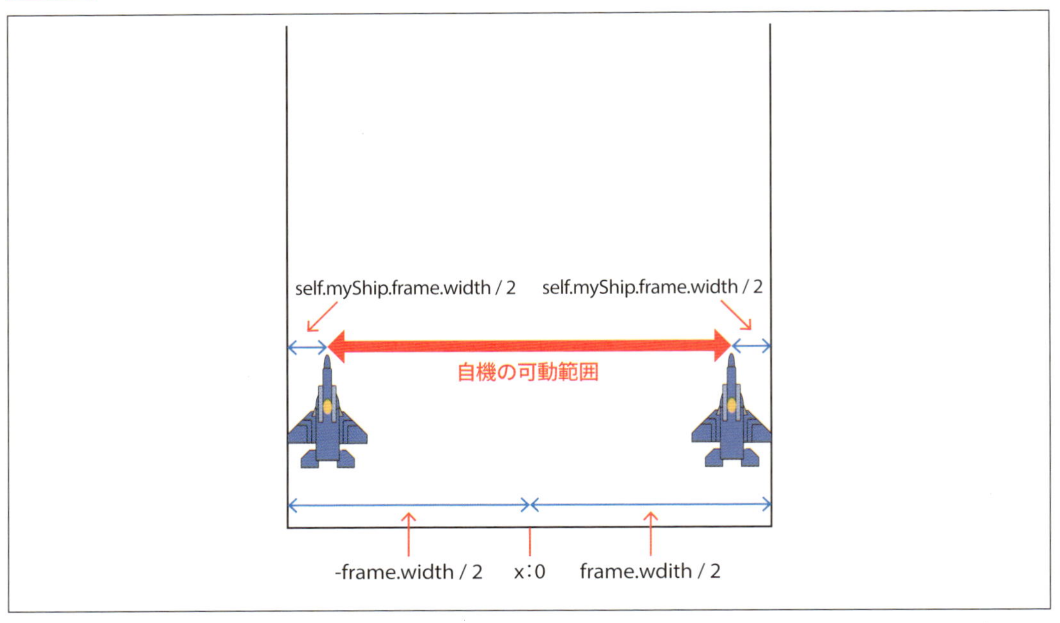

SECTION 04

ミサイルを発射しよう

自機の表示と移動、敵の表示と移動を作成しました。ここではtouchesBeganというメソッドを使用して、画面がタップされたときにミサイルを発射するように作成していきます。

◎ 画面タップ時の処理を作成しよう

画面がタップされたときの情報を取得するには、touchesBeganメソッドかtouchesEndedというメソッドを使用します。touchesBeganメソッドは画面に指が触れたときに呼ばれるメソッドで、touchesEndedメソッドは画面から指が離れたときに呼ばれるメソッドです。

ここではtouchesBeganメソッドを使用して、画面がタッチされたときにミサイルを発射するコードを作成します。コード例をリスト8-5に示します。

リスト 8-5 ミサイルの発射

```
001: class GameScene: SKScene {
002:
003:     省略
004:
005:     // ミサイルの発射
006:     override func touchesBegan(_ touches: Set<UITouch>, with event: UIEvent?) {
007:         // 画像ファイルの読み込み
008:         let missile = SKSpriteNode(imageNamed: "missile")
009:         // ミサイルの発射位置の作成
010:         let missilePos = CGPoint(x: self.myShip.position.x,
011:                                  y: self.myShip.position.y +
012:                                     (self.myShip.size.height / 2) -
013:                                     (missile.size.height / 2))
014:         // ミサイル発射位置の設定
015:         missile.position = missilePos
016:         // シーンにミサイルを表示する
017:         addChild(missile)
018:
```

```
019:            // 指定した位置まで0.5秒で移動する
020:            let move = SKAction.moveTo(y: frame.height + missile.size.height,
                                           duration: 0.5)
021:            // 親からノードを削除する
022:            let remove = SKAction.removeFromParent()
023:            // アクションを連続して実行する
024:            missile.run(SKAction.sequence([move, remove]))
025:        }
026:    }
```

ミサイル画像の読み込みと発射位置の設定

ミサイルは画面がタッチされた時に表示をしますので、touchesBeganメソッド内でスプライトを作成します（8行目）。

10行目でミサイルの発射位置を作成します。発射位置のx方向は、自機の中心に合わせますのでself.myShip.position.xです。y方向は自機の先端とミサイルの先端が同じになるように計算します。自機の先端「self.myShip.position.y + (self.myShip.size.height / 2)」からミサイルの高さの半分である(missile.size.height / 2)を引いて求めます（図8-14）。

15行目でミサイルの発射位置を設定し、17行目のaddChildメソッドで画面に表示させます。

図8-14 ミサイルの発射位置の計算

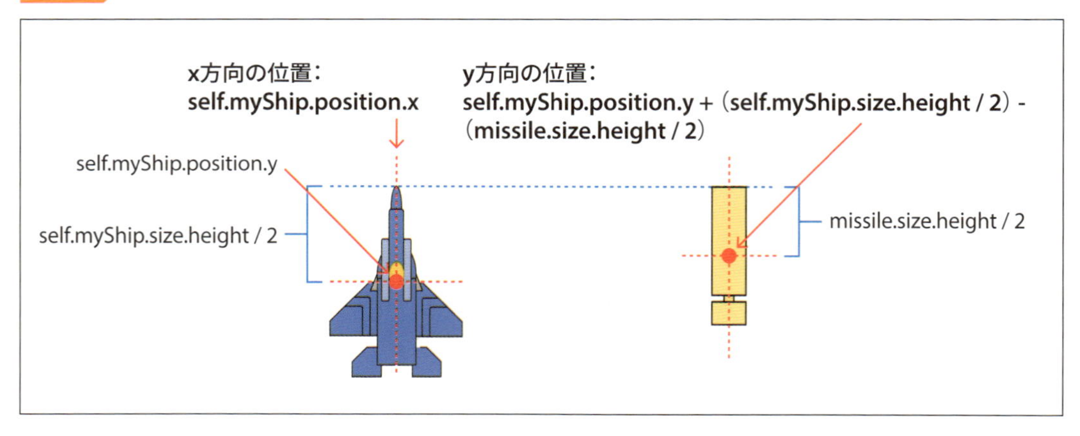

ミサイルの移動と削除

ミサイルを画面に表示させたら、画面上部まで移動して消えるようにアクションを作成します。

20行目のSKAction.moveToメソッドは敵の移動にも使用したメソッドです。敵は画面上部から下部へと移動させましたが、ミサイルは画面上部へと移動させます。最終移動位置は画面上部にミサイルの先端が到達したときになるよう「frame.height + missile.size.height」としています。第2引数に0.5を指定していますので、ミサイルは0.5秒で画面上部に到達します。0.5という値を変えることでミサイルのスピードが変わりますので、任意の値に変更してみましょう。

発射したミサイルを画面上部まで移動させるアクションを作成しましたが、このままではミサイルが画面上に表示されたままになってしまいます。22行目のSKAction.removeFromParentメソッドで削除するアクションを作成します。

最後に、24行目で移動(move)と削除(remove)のアクションを連続して実行しましょう。

以上で、画面がタップされるとミサイルが発射されるようになります。

◎ 実機で動作を確認しよう

ここまでのコードで、Shooting Gameは以下のことができるようになりました。

- **スプラッシュ画面を表示してSTART画面に遷移する**
- **STARTボタンをタップするとゲーム画面に遷移する**
- **ゲームが開始されると画面下部中央に自機が表示される**
- **3種類の敵の中から、1体の敵がランダムに選択されて、1秒ごとに現れて画面下部へと移動する**
- **デバイスを傾けることで、自機が左右に移動する**
- **画面をタップするとミサイルが発射される**

実際にMacに実機を接続して、動作を確認してみましょう。

Macに実機を接続すると、シミュレータの一覧で選択できるようになります。筆者のデバイスは「myIphone」ですので、これを選択します(図8-14)。あとは、これまでと同様に実行ボタンをクリックします。しばらく待つと、実機に転送されてアプリが起動します(図8-15)。

正常に動作しない場合は、コードを見直してください。

図8-14 実機の選択

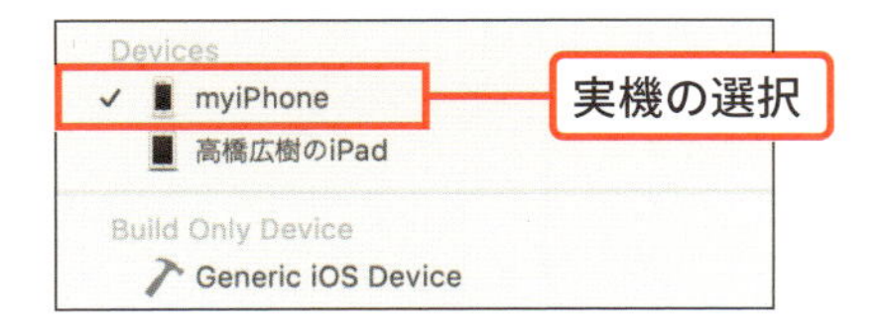

図8-15 実行画面例

CHAPTER

9

ゲームを仕上げよう

SECTION 01

スプライト同士の衝突を作成しよう

CHAPTER 8では、自機、敵、ミサイルを表示して、それぞれを動かせるように作成をしました。現時点では敵と自機が当たっても、すり抜けてしまいます。ここではスプライトが物理シミュレーションするようにし、それぞれが衝突するように作成します。

◎ 物理シミュレーションを行う空間のプロパティを理解しよう

自機やミサイル、敵が現実世界のようにぶつかり合うには、シーンに物理シミュレーションが行われる空間を作成する必要があります。この空間をphysicsWorldと呼びます。

physicsWorldには、表9-1に示すようにgravity（重力）とspeed（スピード）を設定するプロパティがあります。本ゲームで重力を設定してしまうと、自機は画面の下へと落ちていってしまいますので、gravityに0を設定をします。また、各スプライトの移動スピードはコードで設定していますので、physicsWorldのspeedは設定する必要はありません。

表9-1 physicsWorldのプロパティ

プロパティ	説明
gravity	CGVector型の値を指定してシーンに重力を設定する。CGVector型は、CGVector(x方向, y方向)のような書式で指定。デフォルト値は(0.0, -9.8)となっており、下方向に向かって重力が掛かるようになっている
speed	physicsWorld内のスピードを設定する。この値を設定することで、重力（gravity）方向に動くスピードを変更することができる。デフォルト値は1.0になっているが、重力を0にすると、speedは無視されるためスプライトはその場にとどまる

◎ 物理ボディについて理解しよう

画面に配置したスプライト同士は、ぶつかり合ったように見えたとしても反発することなくすり抜けてしまいます。これは物体として扱えるようになっていないからです。

物体として認識させるためには、スプライトに対して「物理ボディ」と呼ばれるものを作成して与える必要があります。

物理ボディが与えられたスプライトは、衝突、摩擦、重力といった動作を物理シミュレーションで表現できるようになります。

本書では、自機、敵、ミサイルに物理ボディを与えてそれぞれの衝突判定を行うようにします。

図9-1 物理ボディ

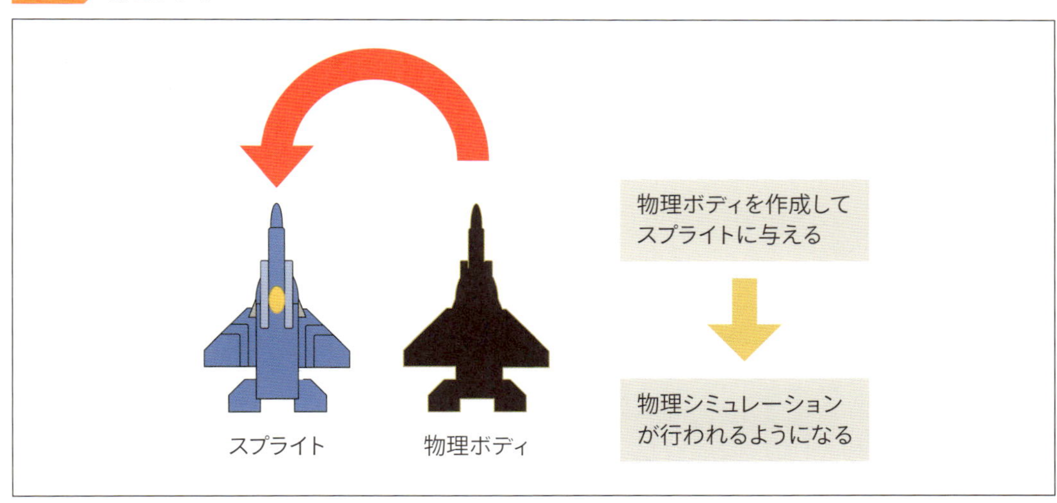

◎ 衝突する相手を設定しよう

前節で説明したとおり、物理ボディを与えたスプライトは物理シミュレーションが行われます。しかし、Aというスプライトには衝突させたいけれど、Bというスプライトには衝突させたくない場合もあります。

このような問題を解決するために、物理ボディにはカテゴリビットマスク（categoryBitMask）と衝突ビットマスク（collisionBitMask）と呼ばれるプロパティが備わっています。categoryBitMaskとcollisionBitMaskには2進数で値を設定します。Swiftにおける2進数は0b0000のように2進数の先頭に「0b」を付けて表します。

カテゴリビットマスクは自分自身が属するグループを表し、衝突ビットマスクには「衝突したい相手」に設定されているカテゴリビットマスクを指定します。このようにすることで、どのスプライトとスプライト（例えば自機と敵）が衝突するのかを決定することができます。

本書で作成するシューティングゲームでは、表9-2、図9-2のようにカテゴリビットマスクと衝突ビットマスクを設定することとします。

表9-2 カテゴリビットマスクの割り当て

スプライト	カテゴリビットマスク	衝突ビットマスク
自機	0b0001	0b0100
ミサイル	0b0010	0b0100
敵	0b0100	なし

図9-2 カテゴリビットマスクと衝突ビットマスク

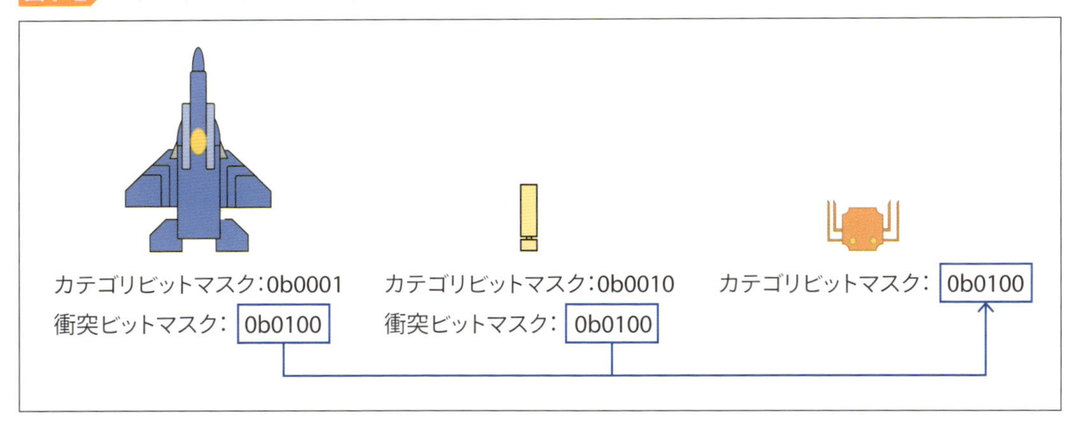

自機のカテゴリビットマスクは0b0001、敵のカテゴリビットマスクは0b0100です。自機は「敵と衝突した」ということを判定する必要がありますので、自機の衝突ビットマスクには敵のカテゴリビットマスクの値である0b0100を設定します。

また、ミサイルの場合は「敵に当たったか」を判定する必要がありますので、ミサイルの衝突ビットマスクに敵のカテゴリビットマスク0b0100を設定します。

以上で、自機と敵、ミサイルと敵が衝突するようになります。

ここまでをコードにするとリスト9-1のようになります。なお、各リストは、必要最低限のみ掲載します。**CHAPTER 9**で作成する全ソースはダウンロードおよび巻末に掲載しますので、必要に応じて参照してください。

リスト 9-1 物理ボディの設定と衝突の設定

```
001: class GameScene: SKScene {
002:     省略
003:
004:     // カテゴリビットマスクの定義
005:     let myShipCategory: UInt32 = 0b0001
006:     let missileCategory: UInt32 = 0b0010
007:     let enemyCategory: UInt32 = 0b0100
008:
009:     override func didMove(to view: SKView) {
010:         var sizeRate: CGFloat = 0.0
011:         var myShipSize = CGSize(width: 0.0, height: -1.0)
012:         let offsetY = frame.height / 20
013:
014:         // 画面への重力設定
015:         physicsWorld.gravity = CGVector(dx: 0, dy: 0)
016:
017:         省略
018:
019:         // 自機への物理ボディ、カテゴリビットマスク、衝突ビットマスクの設定
020:         self.myShip.physicsBody = SKPhysicsBody(rectangleOf: self.myShip.size)
021:         self.myShip.physicsBody?.categoryBitMask = self.myShipCategory
022:         self.myShip.physicsBody?.collisionBitMask = self.enemyCategory
023:         self.myShip.physicsBody?.isDynamic = true
024:         // シーンに自機を追加(表示)する
025:         addChild(self.myShip)
026:
027:         省略
028:
029:     }
030:
031:     /// 敵を表示するメソッド
032:     func moveEnemy() {
033:         省略
034:
035:         // 敵への物理ボディ、カテゴリビットマスクの設定
036:         enemy.physicsBody = SKPhysicsBody(rectangleOf: enemy.size)
037:         enemy.physicsBody?.categoryBitMask = enemyCategory
038:         enemy.physicsBody?.isDynamic = true
039:
040:         // シーンに敵を表示する
041:         addChild(enemy)
042:
043:         省略
044:     }
045:
```

9

ゲームを仕上げよう

```
046:     /// タッチ開始時のメソッド
047:     override func touchesBegan(_ touches: Set<UITouch>, with event: UIEvent?) {
048:         省略
049:
050:         // ミサイルの物理ボディ、カテゴリビットマスク、衝突ビットマスクの設定
051:         missile.physicsBody = SKPhysicsBody(rectangleOf: missile.size)
052:         missile.physicsBody?.categoryBitMask = self.missileCategory
053:         missile.physicsBody?.collisionBitMask = self.enemyCategory
054:         missile.physicsBody?.isDynamic = true
055:
056:         // シーンにミサイルを表示する
057:         addChild(missile)
058:
059:         省略
060:     }
061: }
```

physicsWorldの設定

didMoveメソッド内の15行目でphysicsWorld.gravityに重力設定を設定しています。これにより物理シミュレーションを行う空間が作成されます。

ここではCGVector(0, 0)を設定して、横方向も縦方向も重力は発生しませんが、「衝突した」という物理シミュレーションが行われるようになります。

自機の物理ボディとカテゴリビットマスク、衝突ビットマスクの設定

物理ボディ、カテゴリビットマスク、衝突ビットマスクの設定はdidMoveメソッド内の20〜23行目で行っています。このコードは自機を表示するaddChild(self.myShip)のコード（25行目）の前に挿入してください。

物理ボディは、20行目で作成して設定しています。SKPhysicsBodyメソッドはいくつかのオーバーロードがあるのですが、ここでは四角い形をした物理ボディを作成できるメソッドを使用しています。引数にself.myShip.sizeを指定することで、自機のスプライトと同じ大きさの物理ボディを作成しています。

21行目は、5行目で定義したself.myShipCategoryを指定してカテゴリビットマスクを設定しています。22行目は、7行目で定義した敵を表すself.enemyCategoryを衝突ビットマスクに設定しています。

23行目のisDynamicというプロパティは、衝突したときに物体が動く物理シミュレーションをするかどうかを指定するものです。trueでシミュレーションが行われます。

敵への物理ボディ、カテゴリビットマスクの設定

敵への物理ボディ、カテゴリビットマスクの設定はmoveEnemyメソッド内の36～38行目で行っています。このコードはaddChild(enemy)のコード（41行目）の前に挿入してください。

物理ボディは、36行目で作成して設定しています。自機の物理ボディと同様に、敵のスプライトと同じ大きさの物理ボディを作成しています。37行目でカテゴリビットマスクを設定しています。7行目で定義したself.enemyCategoryを指定しています。

自機と同様に38行目でisDynamicプロパティにtrueを設定し、物理シミュレーションが行われるようにします。

ミサイルの物理ボディ、カテゴリビットマスク、衝突ビットマスクの設定

ミサイルの物理ボディ、カテゴリビットマスク、衝突ビットマスクの設定はtouchesBeganメソッド内の51～54行目で行っています。このコードはaddChild(missile)のコード（57行目）の前に挿入してください。物理ボディは、51行目で作成して設定しています。自機の物理ボディと同様にして、ミサイルのスプライトと同じ大きさの物理ボディを作成しています。

52行目は6行目で定義したself.missileCategoryを指定して、カテゴリビットマスクを設定しています。また、53行目は7行目で定義した敵を表すself.enemyCategoryを指定して衝突ビットマスクを設定しています。

自機と同様に54行目でisDynamicプロパティにtrueを設定し、シミュレーションが行われるようにします。

実行して動作を確認しよう

ここまでのコードの入力が完了したら、実行して動作を確認してみましょう。実行は、シミュレータでも実機でも構いません。実行例を図9-3に示します。

実行してみるとわかりますが、自機と敵が衝突すると物理シミュレーションが行われ、自機と敵が少し傾きます。ミサイルが敵に当たった場合も同様に傾きが生じます。何度も繰り返すと、自機は次第に画面の下の方に移動していきます。

このように、物理シミュレーションを使用すると、現実世界と同じような動きをするようになります。

次節では衝突時にスプライトを削除して炎のアニメーションが表示されるようにしていきます。

図 9-3 実行例

衝突を検知しよう

前節では、カテゴリビットマスクや衝突ビットマスクを設定してスプライト同士が衝突できるようにしました。ここでは、「スプライト同士が衝突した」ということを判定するとともに、衝突時に炎のアニメーションが表示されるようにしていきます。

◎ 爆発のアニメーションを作成しよう

爆発したときの炎や煙などは、プログラムで表現することはとても大変です。Xcodeのパーティクルシステム（particle System。以降パーティクル）を使用すると炎や爆発などのエフェクトを簡単に作成して利用することができます。

作成することができるパーティクルには表9-3に示すものがあります。

表9-3 パーティクルの種類

パーティクル	説明
Bokeh	ボケた光を表現
Fire	炎を表現
Fireflies	ホタルのような光を表現
Magic	魔法のような効果を表現
Rain	雨を表現
Smoke	煙を表現
Snow	雪を表現
Spark	火花を表現

それでは、炎のパーティクルを作成しましょう。

Xcodeのメニューから［File］→［New］→［File］を選択します。一覧から「SpriteKit Particle File」を選択して［Next］ボタンをクリックします（図9-4）。

図9-4 SpriteKit Particle Fileの選択

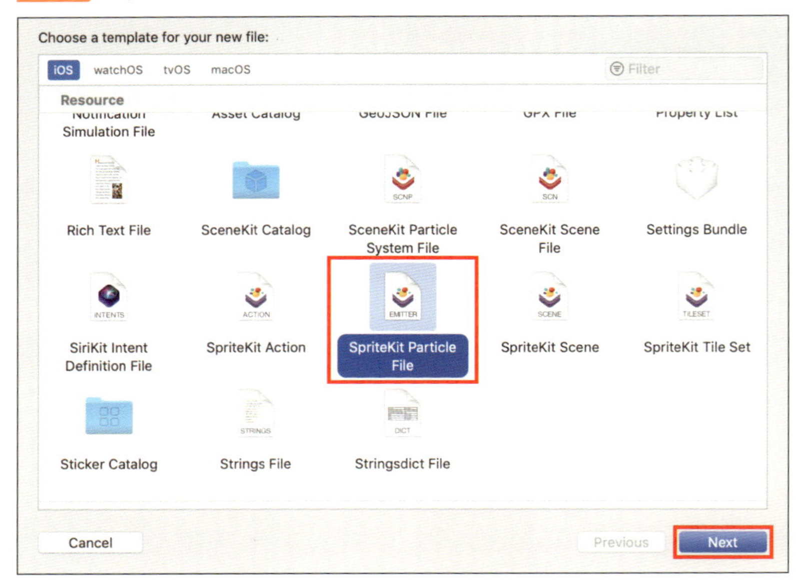

続いて、「Particle template」でパーティクルの種類を選択します。ここでは炎を表す「Fire」を選択し[Next]ボタンをクリックします(図9-5)。

図9-5 Particle templateの選択

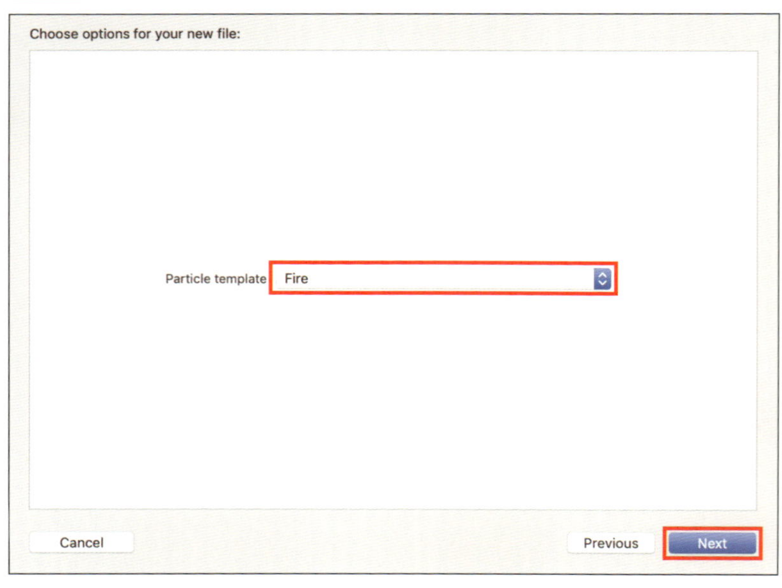

最後に、パーティクルのファイル名を「explosion.sks」にして［Create］ボタンをクリックします（図9-6）。

図9-6 ファイル名を付けて作成

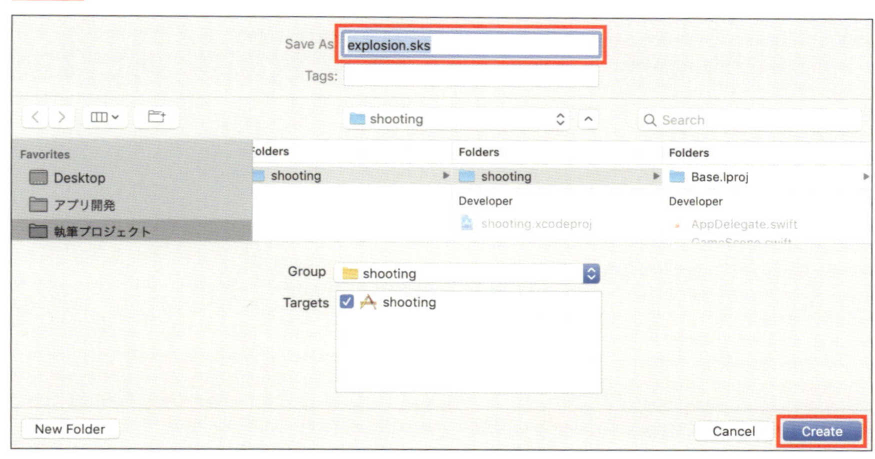

炎のパーティクルがプロジェクトナビゲータに追加され、作成したファイルが開かれます（図9-7）。Attributes Inspectorアイコンをクリックすると、様々なパラメータが表示されパーティクルの効果を調整することができます。

図9-7 作成されたパーティクルファイル

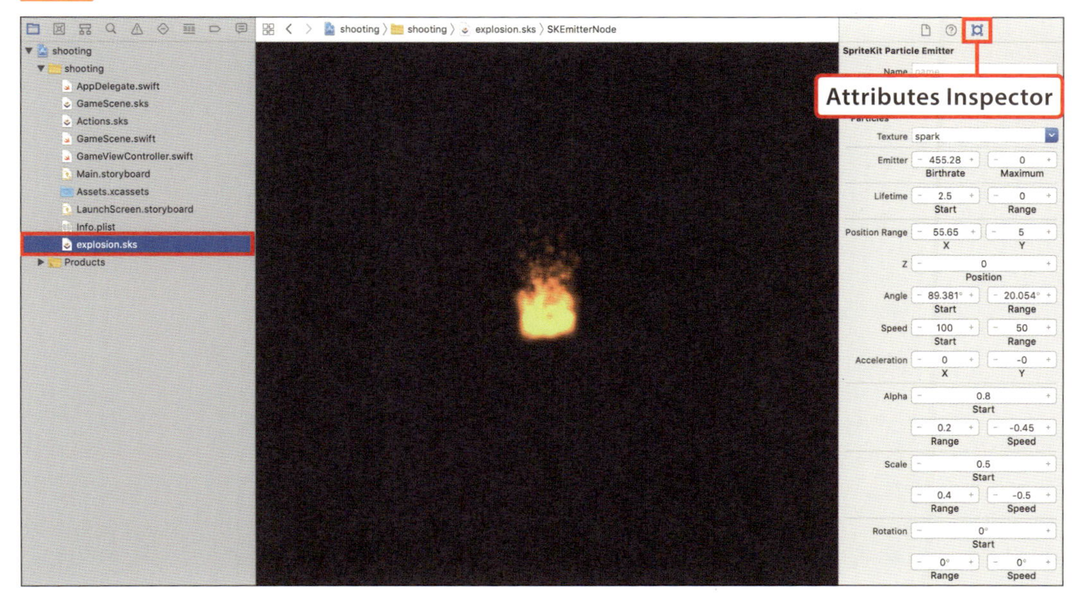

◎ 衝突判定をしよう

作成したパーティクルは、「どのスプライト同士が衝突したのか」を判定して、適切なタイミングで表示する必要があります。

しかしGameSceneクラスには衝突を検知する機能を持っていません。そこで、衝突を検知する機能を持ったSKPhysicsContactDelegateを継承させます。SKPhysicsContactDelegateには、スプライトの衝突を検知すると自動で実行されるdidBeginというメソッドがあります。didBeginメソッドが自動で呼ばれるようにするには、物理ボディが持つcontactTestBitMaskというものを設定する必要があります。例えば、自機の物理ボディのcontactTestBitMaskに敵のカテゴリビットマスク(0b0100)をセットすると、自機と敵が衝突したときにdidBeginメソッドが呼ばれるようになります。

didBeginメソッドは、contactという引数に衝突したノードを受け取ります。このcontactには、衝突した2つのノードが格納されています。1つはcontact.bodyA、もう1つはcontact.bodyBです。

このcontact.bodyAとcontact.bodyBの組み合わせが、「自機と敵」または「ミサイルと敵」の場合には、衝突したスプライトを画面から削除し、作成したパーティクルを表示します。パーティクルはSKEmitterNodeクラスを使用して表示します。

以上を理解できたら、衝突判定をするコードを作成しましょう（リスト9-2）。

リスト9-2 衝突判定

```
001: class GameScene: SKScene, SKPhysicsContactDelegate {
002:     省略
003:
004:     override func didMove(to view: SKView) {
005:
006:         省略
007:
008:         // 画面への重力設定
009:         physicsWorld.gravity = CGVector(dx: 0, dy: 0)
010:         physicsWorld.contactDelegate = self
011:
012:         self.myShip.physicsBody?.contactTestBitMask = self.enemyCategory
013:         self.myShip.physicsBody?.isDynamic = true
014:
015:         省略
016:     }
017:
018:     /// タッチ開始時のメソッド
019:     override func touchesBegan(_ touches: Set<UITouch>, with event: UIEvent?) {
020:
021:         省略
```

```
022:
023:         missile.physicsBody?.contactTestBitMask = self.enemyCategory
024:         missile.physicsBody?.isDynamic = true
025:
026:
027:         省略
028:     }
029:
030:     /// 衝突時のメソッド
031:     func didBegin(_ contact: SKPhysicsContact) {
032:
033:         // 衝突したノードを削除する
034:         contact.bodyA.node?.removeFromParent()
035:         contact.bodyB.node?.removeFromParent()
036:
037:         // 炎のパーティクルの読み込みと表示
038:         let explosion = SKEmitterNode(fileNamed: "explosion")
039:         explosion?.position = contact.bodyA.node?.position ?? CGPoint(x: 0, y: 0)
040:         addChild(explosion!)
041:
042:         // 炎のパーティクルアニメーションを0.5秒表示して削除
043:         self.run(SKAction.wait(forDuration: 0.5)) {
044:             explosion?.removeFromParent()
045:         }
046:     }
047: }
```

SKPhysicsContactDelegateの継承

1行目のコードを参考にGameSceneクラスにSKPhysicsContactDelegateを継承するように修正してください。SKPhysicsContactDelegateは、物理的な衝突を通知する機能を持っており、その1つがdidBeginメソッドです。

衝突の通知はphysicsWorldに送ってあげる必要があるため、10行目のコードを追加します。これにより、GameSceneクラス(self)内で発生した衝突の通知が、physicsWorldに送られるようになるとともに、didBeginメソッドが呼び出されるようになります。

contactTestBitMaskの設定

自機のcontactTestBitMaskは、didMoveメソッド内で設定します。13行目のコードの手前に12行目のコードを追加してください。ここでは、敵のカテゴリーマスクの値を設定していますので、自機と敵が衝突すると、31行目のdidBeginメソッドが呼ばれるようになります。

ミサイルのcontactTestBitMaskは、touchesBeganメソッド内で設定します。24行目コードの手前に23行目のコードを追加していください。ここでは敵のカテゴリーマスクの値を設定していますので、ミサイルと敵が衝突すると31行目のdidBeginメソッドが呼ばれるようになります。

didBeginメソッドの実装

31行目から47行目が、物理ボディ衝突時に呼ばれるdidBeginメソッドです。

31行目の引数contactには、衝突した物理ボディの情報が入っています。1つはcontact.bodyA、もう1つはcontact.bodyBです（図9-8）。

contact.bodyAとcontact.bodyBのどちらに自機（またはミサイル）が入っているのかは調べないとわかりません。しかしdidBeginメソッドが呼び出されるのは、カテゴリビットマスクと衝突ビットマスクの組み合わせが「自機と敵」「ミサイルと敵」のときだけです。よって、このメソッドが呼ばれたときは、contact.bodyAとcontact.bodyBのノードを削除（34,35行目）してパーティクルを表示させれば良いことになります。

図9-8 引数contact

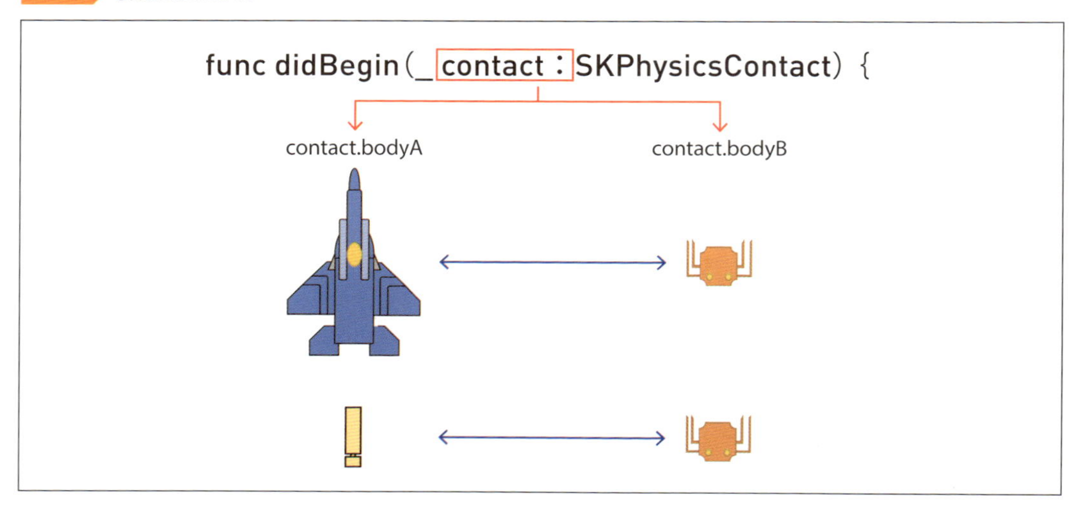

38行目は、SKEmitterNodeクラスを使用して、explosion.sksファイルからパーティクルを読み込んでいます。39行目は、パーティクルの表示位置を設定するコードです。ここではcontact.bodyAのpositionに表示されるようにします。contact.bodyAのpositionがnilの場合はエラーが発生するため「??」の後ろにあるCGPoint(x：0, y：0)を設定してエラーを回避しています。40行目で、シーンにパーティクルを表示しています。

炎のパーティクルは一定時間経過したらシーンから削除します。43行目のself.runの引数には、アニメーションの時間を渡します。ここではSKAction.waitメソッドを使用して0.5秒間表示するという処理を渡しています。この処理が終わったら、44行目でパーティクルをシーンから削除します。

SECTION 03

ゲームを仕上げよう

ここまでで自機からミサイルを発射し、衝突をした場合は炎のアニメーションを表示できるようになりました。最後に、自機が敵に衝突された回数をカウントする「ライフ」、敵を倒した時の「スコア」、ライフがなくなったときのゲームオーバー処理を作成しましょう。

◎ ライフを表示しよう

ここまでに作成したゲームを実行してみるとわかりますが、自機が敵に衝突されてもゲームは続きます。そこで、一般的なシューティングゲームを踏襲して、ライフを導入しましょう。このゲームでは自機を3機持つことができ、なくなってしまったらゲームオーバーにすることとします。

自機が何機残っているかがわかるように、画面上部にライフを表すテキスト（数字の3）を表示することとします。自機が敵と衝突した場合は、ライフを1つずつ減らしていきます。

シーン上にテキストを表示するには、SKLabelNodeというクラスを使用します。このクラスの引数には、表示したい文字列を渡します。あとは、作成したインスタンスのプロパティを使用して、フォントや文字の色、フォントサイズ、表示位置などを指定してシーンに追加します。

また、自機と敵が衝突した際は、現在表示しているテキスト（ライフの数）を変更する必要があります。ここではテキストの変更をプロパティで実装することとします。

以上を理解できたら、リスト9-3のようにコードを編集してください。

リスト9-3 ライフの表示

```
001: class GameScene: SKScene, SKPhysicsContactDelegate {
002:     省略
003:
004:     var lifeLabelNode = SKLabelNode()    // LIFE表示用ラベル
005:     var scoreLabelNode = SKLabelNode()    // SCORE表示用ラベル
006:
007:     省略
008:
```

9 ゲームを仕上げよう

```
009:     // LIFE用プロパティ
010:     var life: Int = 0 {
011:         didSet {
012:             self.lifeLabelNode.text = "LIFE: \ (life)"
013:         }
014:     }
015:
016:     // SCORE用プロパティ
017:     var score: Int = 0 {
018:         didSet {
019:             self.scoreLabelNode.text = "SCORE: \ (score)"
020:         }
021:     }
022:
023:     override func didMove(to view: SKView) {
024:
025:         省略
026:
027:         // ライフの作成
028:         self.life = 3
029:         self.lifeLabelNode.fontName = "HelveticaNeue-Bold"
030:         self.lifeLabelNode.fontColor = UIColor.white
031:         self.lifeLabelNode.fontSize = 30
032:         self.lifeLabelNode.position = CGPoint(
033:             x: frame.width / 2  - (self.lifeLabelNode.frame.width + 20),
034:             y: frame.height / 2 - self.lifeLabelNode.frame.height * 3)
035: addChild(self.lifeLabelNode)
036:
037:     // スコアの表示
038:         self.score = 0
039:         self.scoreLabelNode.fontName = "HelveticaNeue-Bold"
040:         self.scoreLabelNode.fontColor = UIColor.white
041:         self.scoreLabelNode.fontSize = 30
042:         self.scoreLabelNode.position = CGPoint(
043:             x: -frame.width / 2  + self.scoreLabelNode.frame.width ,
044:             y: frame.height / 2 - self.scoreLabelNode.frame.height * 3)
045:         addChild(self.scoreLabelNode)
046:     }
047: }
```

ライフ／スコア表示用ラベルの準備

4行目でライフ表示用ラベルの変数 lifeLabelNode を、5行目でスコア表示用ラベルの変数 scoreLabelNode 宣言しています。SKLabelNode は、シーンに文字を表示したい時に使用しますので覚えておきましょう

ライフ／スコア設定用プロパティ

10〜14行目がライフの設定用プロパティです。**CHAPTER 6**で学習したプロパティ監視を使用しています。didSetを使用していますので、lifeへの代入が終わったときにラベルに値を表示するようにしています。

同様にして17〜21行目にスコア設定用のプロパティを定義しています。

ライフ／スコア用ラベルの作成

ライフ用のラベル作成は、didMoveメソッド内の28〜35行目で行っています。

28行目はlifeプロパティに3を代入していますので、10〜14行目のコードが実行され「LIFE：3」というラベルを作成します。

30行目でラベルの文字色を白に、31行目でフォントサイズを30に設定しています。

32行目はラベルの表示位置を設定しています。ここでは、画面の右上に表示されるように計算をしています。

最後に35行目でシーンに追加しています。SKLabelNodeもスプライトと同様に addChild メソッドでシーンに追加することができます。

スコア用のラベルもライフ用のラベルと同様にコードを記述しています（38〜45行目）。

◎ 衝突判定時にライフとスコアを変化させよう

didBeginメソッドが実行されるタイミングは、すでに説明した通り「自機と敵」「ミサイルと敵」が衝突したときのみです。

そこで、contact.bodyA.categoryBitMask または contact.bodyB.categoryBitMask のどちらかに自機のカテゴリビットマスクが入っているときは、「自機が敵にやられた」ときですのでライフを1つ減らす処理を行います。ライフが0になった場合はゲームオーバーですので、スタート画面に戻るように処理を作成します。また、contact.bodyA.categoryBitMask または contact.bodyB.categoryBitMask のどちらかにミサイルのカテゴリビットマスクが入っているときは、「ミサイルが敵に当たった」ときですので、

スコアの値を増やしてあげる処理を作成します。

以上を理解できたら、コードをリスト9-4、リスト9-5のように編集してください。なおリスト9-5の記述先はGameViewController.swiftですので注意していください。

リスト9-4 ライフとスコアの表示処理（GameScene.swft）

```
001: class GameScene: SKScene, SKPhysicsContactDelegate {
002:     var vc: GameViewController!  // 追加
003:
004:     省略
005:
006:     func didBegin(_ contact: SKPhysicsContact) {
007:
008:     省略
009:
010:         // ミサイルが敵に当たった時の処理
011:         if contact.bodyA.categoryBitMask == missileCategory ||
012:             contact.bodyB.categoryBitMask == missileCategory {
013:             self.score += 10
014:         }
015:
016:         // 自機が爆発した時の処理
017:         if contact.bodyA.categoryBitMask == myShipCategory ||
018:             contact.bodyB.categoryBitMask == myShipCategory {
019:             // ライフを1つ減らす
020:             self.life -= 1
021:
022:             // 1秒後に restart を実行
023:             self.run(SKAction.wait(forDuration: 1)) {
024:                 self.restart()
025:             }
026:         }
027:     }
028:
029:     /// リスタート処理
030:     func restart() {
031:         // ライフが0以下の場合
032:         if self.life <= 0 {
033:             // START画面に戻る
034:             vc.dismiss(animated: true, completion: nil)
035:         }
036:
037:         // ライフが1以上なら自機を再表示
038:         addChild(self.myShip)
039:     }
040: }
```

リスト9-5 スタート画面処理（GameViewController.swift）

```
001:  override func viewDidLoad() {
002:      super.viewDidLoad()
003:
004:      if let view = self.view as! SKView? {
005:          if let scene = SKScene(fileNamed: "GameScene") {
006:              // Set the scale mode to scale to fit the window
007:              scene.scaleMode = .aspectFill
008:
009:              (scene as! GameScene).vc = self  //追加
010:
011:              // Present the scene
012:              view.presentScene(scene)
013:          }
014:
015:  省略
016:      }
017:  }
```

スコアの加算

11〜14行目はミサイルが敵に当たったかの判定をしてスコアの加算処理を行っています。didBeginメソッドの引数contact.bodyA.categoryBitMaskまたはcontact.bodyB.categoryBitMaskがmissileCategoryのときは「ミサイルが敵に当たった」ことになります。if文で使用している「||」は「または」を表しています。条件式が成立した場合は、スコアに10点を加算しています。

自機が爆発したときの処理

17〜26行目は自機が爆発した（敵にやられた）ときの処理です。contact.bodyA.categoryBitMaskまたはcontact.bodyB.categoryBitMaskがmyShipCategoryのときは「敵が自機に当たった」ことになります。

20行目はライフを1つ減らす処理です。

23行目は1秒待つ処理です。1秒経過すると24行目でリスタート処理を実行します。

リスタート処理

30〜39行目は、ライフが残っている時はゲームを再開し、ライフがなくなった場合にはスタート画面に戻る処理です。

32行目でライフが0以下になったかを判定し、ライフが0以下になった場合には34行目でSTART画面に戻す処理を実行します。vc.dismissというのは画面を破棄するという命令です（変数vcは2行目で宣言しています)。ここではゲーム画面を破棄することになりますので、前の画面(つまりSTRAT画面)に戻ることになります。dismissメソッドの第1引数は、画面を破棄するときにアニメーションする場合はtrueを指定します。第2引数は画面を破棄した後に実行する処理を渡すのですが、何も処理をする必要がない場合はnilを渡します。vc.dismissのvcについては後述します。

自機が残っている場合は、38行目で自機を表示します。

◉ スタート画面に戻れるようにする(リスト9-5)

先ほど、「dismissメソッドは画面を破棄する命令」ということを説明しました。

dismissを実行するのは、呼び出し元の画面が行う必要があります。よって、呼び出し元は「GameViewController.swift」ということになります。

そこでGameViewController.swiftからシーンを呼び出す(12行目)前に、シーンに対してGameViewController自身を渡しておく必要があります。これは9行目で行っています。GameScene.swift(リスト9-4の2行目)で宣言されたvcに、self(つまりGameViewController)を代入することで、GameSceneクラスで、GameViewContllerの操作をすることができます。

よってリスト9-4の34行目は、「呼び出し元のGameViewControllerが呼び出し先のGameSceneを破棄する」操作をしていることになります。

◎ 画面の向きを設定しよう

本ゲームは縦長の画面です。傾け方によっては画面が回転してしまいますので、設定を変更して縦固定になるようにしましょう。ソースコードの変更は不要です。

プロジェクトナビゲータでプロジェクト名をクリックしたら「General」タブにある「Device Orientation」の欄で「Portrait」のみにチェックがついた状態にしてください。この設定だけで縦固定になります。

Device Orientationのそれぞれの意味については表9-4を参照してください。

表9-4 Device Orientation

Device Orientation	説明
Portrait	縦画面(ホームボタンが下)
Upside Down	縦画面(ホームボタンが上)
Landscape Left	横画面(ホームボタンが左)
Landscape Right	横画面(ホームボタンが右)

図9-8 画面の向き設定

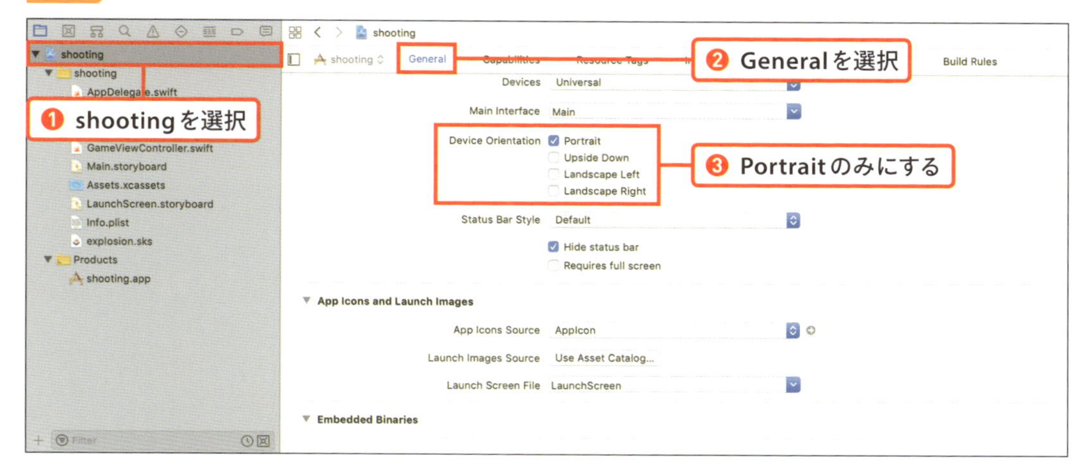

◎ アプリアイコンの設定をしよう

最後にアプリアイコンの設定をしましょう。

現時点では、アプリをインストールするとデフォルトのアイコン（図9-9）が表示されます。

せっかくのオリジナルアプリですので、アイコンを作成して表示されるようにしましょう。

図9-9 デフォルトアイコン

アプリのアイコンはデバイスごと目的ごとにサイズが定められています（表9-5）。

App Storeに出すことを考慮して1024x1024pxのアイコンを作成し、縮小して180x180pxの画像を作成すれば両方準備することができます。筆者は図9-10に示すアイコンを作成しました。読者の方も自由に作成をしてください。

表9-5 アイコンサイズ

デバイス	サイズ
iPhone	180x180 px
	120x120 px
iPad Pro	167x167px
iPad, iPad mini	152x152px
App Store	1024x1024px

図9-10 作成したアイコン用画像

アイコン用画像を作成したら、プロジェクトナビゲータでAssets.xcassetsを開いてください。ターゲットをiPhoneにしますので、AppIconの中の「iPhone App iOS 7-12 60pt」の3xのところに作成した180x180pxの画像をドラッグ＆ドロップしてください。App Storeに出す場合は一覧の一番下にある「App Store」にもドラッグ＆ドロップします（図9-11）。

図9-11 アイコンの設定

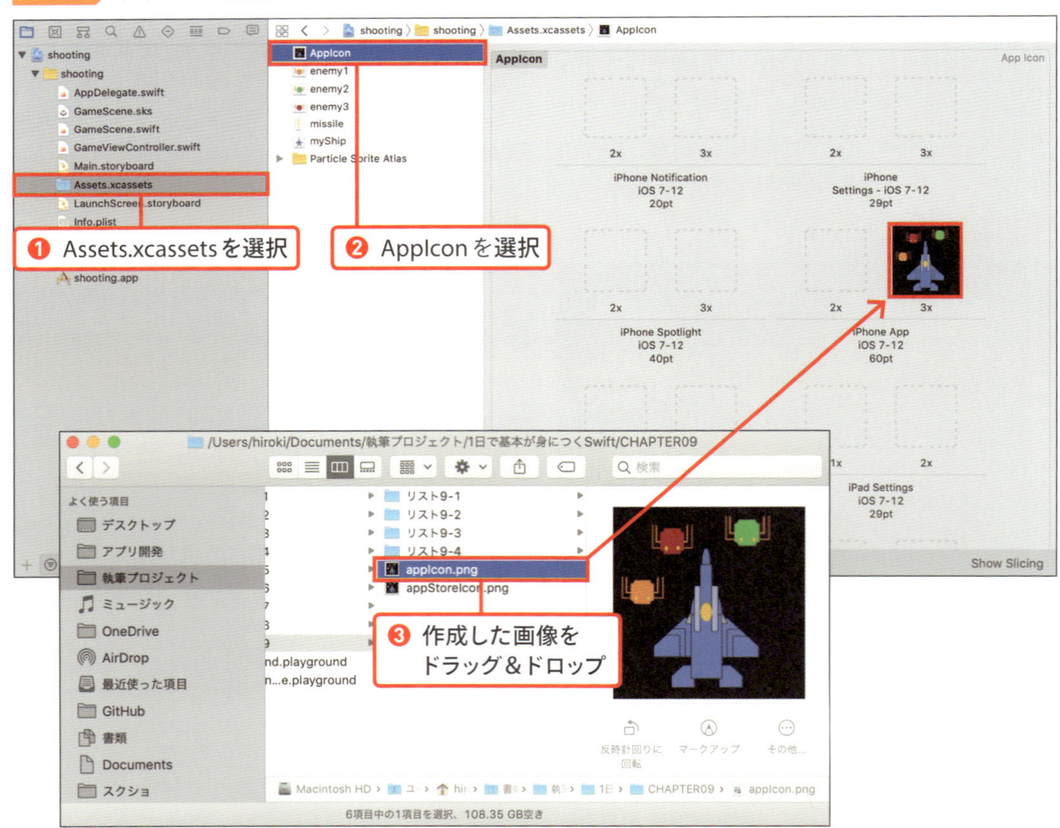

◎ ゲームで遊ぼう

以上でゲームの完成です。最後に実際にゲームで遊んでみましょう。

今回作成したゲームには、改造すべきポイントが多くあります。たとえば、敵のスピード調整や、ライフの数、敵の種類によってスコアの加算値を変えるなど。はじめからゲームを作ろうとすると難しいですが、改造からはじめることでより理解が深まることでしょう。

図9-12 プレイ画面

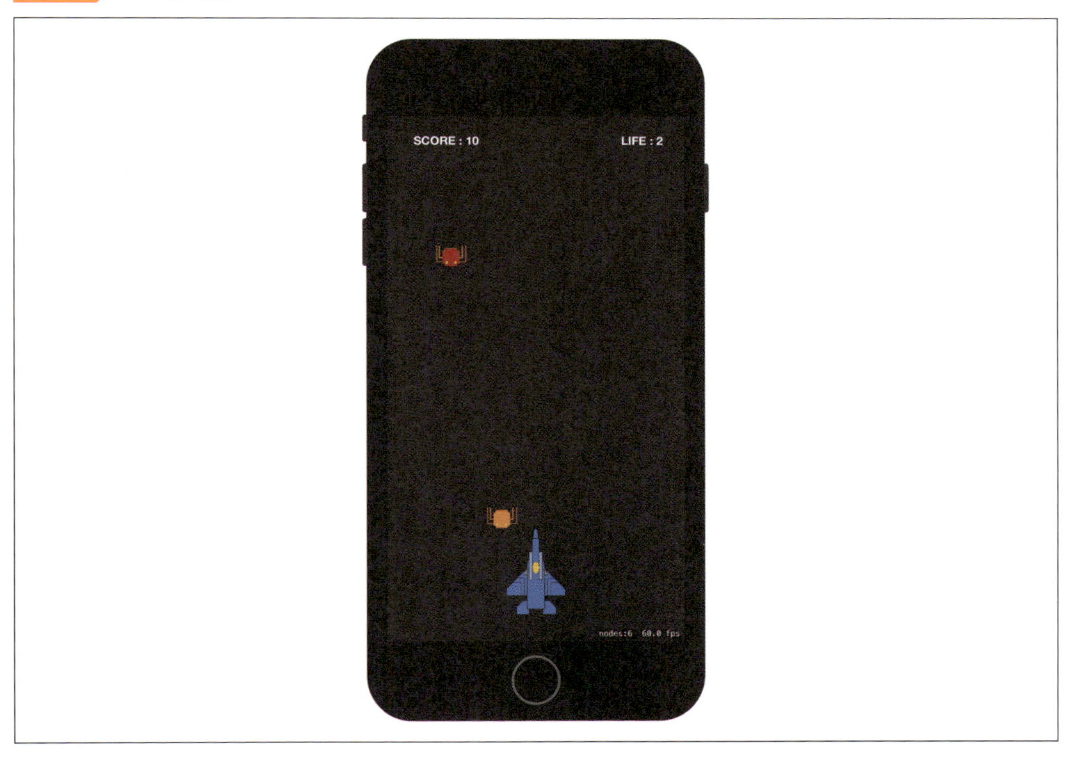

CHAPTER 8で作成した完成ファイル一覧

リスト A-1 **GameScene.swift**

```
001:  import SpriteKit
002:  import GameplayKit
003:  import CoreMotion
004:
005:  class GameScene: SKScene {
006:
007:      var myShip = SKSpriteNode()
008:      var enemyRate : CGFloat = 0.0  // 敵の表示倍率用変数の追加
009:      var enemySize = CGSize(width: 0.0, height: 0.0)  // 敵の表示サイズ用変数の追加
010:      var timer: Timer?
011:      let motionMgr = CMMotionManager()
012:      var accelarationX: CGFloat = 0.0
013:
014:      override func didMove(to view: SKView) {
015:          var sizeRate : CGFloat = 0.0
016:          var myShipSize = CGSize(width: 0.0, height: 0.0)
017:          let offsetY = frame.height / 20
018:
019:          // 画像ファイルの読み込み
020:          self.myShip = SKSpriteNode(imageNamed: "myShip")
021:          // 自機を幅の1/5にするための倍率を求める
022:          sizeRate = (frame.width / 5) / self.myShip.size.width
023:          // 自機のサイズを計算する
024:          myShipSize = CGSize(width: self.myShip.size.width * sizeRate,
025:                              height: self.myShip.size.height * sizeRate)
026:          // 自機のサイズを設定する
027:          self.myShip.scale(to: myShipSize)
028:          // 自機の表示位置を設定する
029:          self.myShip.position = CGPoint(x: 0, y: (-frame.height / 2) + offsetY +
      myShipSize.height / 2)
030:          // シーンに自機を追加(表示)する
031:          addChild(self.myShip)
032:
033:
034:          // 敵の画像ファイルの読み込み
035:          let tempEnemy = SKSpriteNode(imageNamed: "enemy1")
036:          // 敵を幅の1/5にするための倍率を求める
037:          enemyRate = (frame.width / 10) / tempEnemy.size.width
038:          // 敵のサイズを計算する
039:          enemySize = CGSize(width: tempEnemy.size.width * enemyRate,
      height: tempEnemy.size.height * enemyRate)
040:
```

```
041:         // 敵を表示するメソッドmoveEnemyを1秒ごとに呼び出し
042:         timer = Timer.scheduledTimer(withTimeInterval: 1.0, repeats: true, 
block: { _ in
043:             self.moveEnemy()
044:         })
045: 
046:         // 加速度センサーの取得間隔を設定取得処理
047:         motionMgr.accelerometerUpdateInterval = 0.05
048:         // 加速度センサーの変更値取得
049:         motionMgr.startAccelerometerUpdates(to: OperationQueue.current!) 
{ (val, _) in
050:             guard let unwrapVal = val else {
051:                 return
052:             }
053:             let acc = unwrapVal.acceleration
054:             self.accelarationX = CGFloat(acc.x)
055:             print(acc.x)
056:         }
057:     }
058: 
059:     /// シーンの更新
060:     override func didSimulatePhysics() {
061:         let pos = self.myShip.position.x + self.accelarationX * 30
062:         if pos > frame.width / 2 - self.myShip.frame.width / 2 { return }
063:         if pos < -frame.width / 2 + self.myShip.frame.width / 2 { return }
064:         self.myShip.position.x = pos
065:     }
066: 
067:     /// 敵を表示するメソッド
068:     func moveEnemy() {
069:         let enemyNames = ["enemy1", "enemy2", "enemy3"]
070:         let idx = Int.random(in: 0 ..< 3)
071:         let selectedEnemy = enemyNames[idx]
072:         let enemy = SKSpriteNode(imageNamed: selectedEnemy)
073: 
074:         // 敵のサイズを設定する
075:         enemy.scale(to: enemySize)
076:         // 敵のx方向の位置を生成する
077:         let xPos = (frame.width / CGFloat.random(in: 1...5)) - frame.width / 2
078:         // 敵の位置を設定する
079:         enemy.position = CGPoint(x: xPos, y: frame.height / 2)
080:         // シーンに敵を表示する
081:         addChild(enemy)
082: 
083:         // 指定した位置まで2.0秒で移動させる
084:         let move = SKAction.moveTo(y: -frame.height / 2, duration: 2.0)
085:         // 親からノードを削除する
```

```
086:         let remove = SKAction.removeFromParent()
087:         // アクションを連続して実行する
088:         enemy.run(SKAction.sequence([move, remove]))
089:     }
090: 
091:     // ミサイルの発射
092:     override func touchesBegan(_ touches: Set<UITouch>, with event: UIEvent?) {
093:         // 画像ファイルの読み込み
094:         let missile = SKSpriteNode(imageNamed: "missile")
095:         // ミサイルの発射位置の作成
096:         let missilePos = CGPoint(x: self.myShip.position.x,
097:                                  y: self.myShip.position.y +
098:                                     (self.myShip.size.height / 2) -
099:                                     (missile.size.height / 2))
100:         // ミサイル発射位置の設定
101:         missile.position = missilePos
102:         // シーンにミサイルを表示する
103:         addChild(missile)
104: 
105:         // 指定した位置まで0.5秒で移動する
106:         let move = SKAction.moveTo(y: frame.height + missile.size.height,
duration: 0.5)
107:         // 親からノードを削除する
108:         let remove = SKAction.removeFromParent()
109:         // アクションを連続して実行する
110:         missile.run(SKAction.sequence([move, remove]))
111:     }
112: 
113: }
```

CHAPTER 9で作成した完成ファイル一覧

リストA-2 GameScene.swift

```
001: import SpriteKit
002: import GameplayKit
003: import CoreMotion
004: 
005: class GameScene: SKScene, SKPhysicsContactDelegate {
006:     var vc: GameViewController!  // 追加
007:     var myShip = SKSpriteNode()
008:     var enemyRate : CGFloat = 0.0  // 敵の表示倍率用変数の追加
009:     var enemySize = CGSize(width: 0.0, height: 0.0)  // 敵の表示サイズ用変数の追加
010:     var timer: Timer?
011:     let motionMgr = CMMotionManager()
012:     var accelarationX: CGFloat = 0.0
013:     var _life = 3
014:     var lifeLabelNode = SKLabelNode()   // LIFE表示用ラベル
015:     var scoreLabelNode = SKLabelNode()   // SCORE表示用ラベル
016: 
017:     // カテゴリビットマスクの定義
018:     let myShipCategory : UInt32 = 0b0001
019:     let missileCategory : UInt32 = 0b0010
020:     let enemyCategory : UInt32 = 0b0100
021: 
022:     // LIFE用プロパティ
023:     var life : Int = 0 {
024:         didSet {
025:             self.lifeLabelNode.text = "LIFE : ¥(life)"
026:         }
027:     }
028:     // SCORE用プロパティ
029:     var score : Int = 0 {
030:         didSet {
031:             self.scoreLabelNode.text = "SCORE : ¥(score)"
032:         }
033:     }
034: 
035:     override func didMove(to view: SKView) {
036:         var sizeRate : CGFloat = 0.0
037:         var myShipSize = CGSize(width: 0.0, height: 0.0)
038:         let offsetY = frame.height / 20
039: 
040: 
041:         // 画面への重力設定
042:         physicsWorld.gravity = CGVector(dx: 0, dy: 0)
```

```
043:
044:         physicsWorld.contactDelegate = self
045:
046:
047:         // 画像ファイルの読み込み
048:         self.myShip = SKSpriteNode(imageNamed: "myShip")
049:         // 自機を幅の1/5にするための倍率を求める
050:         sizeRate = (frame.width / 5) / self.myShip.size.width
051:         // 自機のサイズを計算する
052:         myShipSize = CGSize(width: self.myShip.size.width * sizeRate,
053:                             height: self.myShip.size.height * sizeRate)
054:         // 自機のサイズを設定する
055:         self.myShip.scale(to: myShipSize)
056:         // 自機の表示位置を設定する
057:         self.myShip.position = CGPoint(x: 0, y: (-frame.height / 2) + offsetY +
     myShipSize.height / 2)
058:
059:         // 自機への物理ボディ、カテゴリビットマスク、衝突ビットマスクの設定
060:         self.myShip.physicsBody = SKPhysicsBody(rectangleOf: self.myShip.size)
061:         self.myShip.physicsBody?.categoryBitMask = self.myShipCategory
062:         self.myShip.physicsBody?.collisionBitMask = self.enemyCategory
063:         self.myShip.physicsBody?.contactTestBitMask = self.enemyCategory
064:         self.myShip.physicsBody?.isDynamic = true
065:         // シーンに自機を追加(表示)する
066:         addChild(self.myShip)
067:
068:         // 敵の画像ファイルの読み込み
069:         let tempEnemy = SKSpriteNode(imageNamed: "enemy1")
070:         // 敵を幅の1/5にするための倍率を求める
071:         enemyRate = (frame.width / 10) / tempEnemy.size.width
072:         // 敵のサイズを計算する
073:         enemySize = CGSize(width: tempEnemy.size.width * enemyRate,
     height: tempEnemy.size.height * enemyRate)
074:
075:         // 敵を表示するメソッドmoveEnemyを1秒ごとに呼び出し
076:         timer = Timer.scheduledTimer(withTimeInterval: 1.0, repeats: true,
     block: { _ in
077:             self.moveEnemy()
078:         })
079:
080:         // 加速度センサーの取得間隔を設定取得処理
081:         motionMgr.accelerometerUpdateInterval = 0.05
082:         // 加速度センサーの変更値取得
083:         motionMgr.startAccelerometerUpdates(to: OperationQueue.current!)
     { (val, _) in
084:             guard let unwrapVal = val else {
085:                 return
```

```
086:             }
087:             let acc = unwrapVal.acceleration
088:             self.accelarationX = CGFloat(acc.x)
089:             print(acc.x)
090:         }
091: 
092:         // ライフの作成
093:         self.life = 3
094:         self.lifeLabelNode.fontName = "HelveticaNeue-Bold"
095:         self.lifeLabelNode.fontColor = UIColor.white
096:         self.lifeLabelNode.fontSize = 30
097:         self.lifeLabelNode.position = CGPoint(
098:             x: frame.width / 2  - (self.lifeLabelNode.frame.width + 20),
099:             y: frame.height / 2 - self.lifeLabelNode.frame.height * 3)
100:         addChild(self.lifeLabelNode)
101: 
102:         // スコアの表示
103:         self.score = 0
104:         self.scoreLabelNode.fontName = "HelveticaNeue-Bold"
105:         self.scoreLabelNode.fontColor = UIColor.white
106:         self.scoreLabelNode.fontSize = 30
107:         self.scoreLabelNode.position = CGPoint(
108:             x: -frame.width / 2  + self.scoreLabelNode.frame.width ,
109:             y: frame.height / 2 - self.scoreLabelNode.frame.height * 3)
110:         addChild(self.scoreLabelNode)
111:     }
112: 
113:     /// シーンの更新
114:     override func didSimulatePhysics() {
115:         let pos = self.myShip.position.x + self.accelarationX * 30
116:         if pos > frame.width / 2 - self.myShip.frame.width / 2 { return }
117:         if pos < -frame.width / 2 + self.myShip.frame.width / 2 { return }
118:         self.myShip.position.x = pos
119:     }
120: 
121:     /// 敵を表示するメソッド
122:     func moveEnemy() {
123:         let enemyNames = ["enemy1", "enemy2", "enemy3"]
124:         let idx = Int.random(in: 0 ..< 3)
125:         let selectedEnemy = enemyNames[idx]
126:         let enemy = SKSpriteNode(imageNamed: selectedEnemy)
127: 
128:         // 敵のサイズを設定する
129:         enemy.scale(to: enemySize)
130:         // 敵のx方向の位置を生成する
131:         let xPos = (frame.width / CGFloat.random(in: 1...5)) - frame.width / 2
132:         // 敵の位置を設定する
```

```
133:            enemy.position = CGPoint(x: xPos, y: frame.height / 2)
134:
135:            // 敵への物理ボディ、カテゴリビットマスクの設定
136:            enemy.physicsBody = SKPhysicsBody(rectangleOf: enemy.size)
137:            enemy.physicsBody?.categoryBitMask = enemyCategory
138:            enemy.physicsBody?.isDynamic = true
139:
140:            // シーンに敵を表示する
141:            addChild(enemy)
142:
143:            // 指定した位置まで2.0秒で移動させる
144:            let move = SKAction.moveTo(y: -frame.height / 2, duration: 2.0)
145:            // 親からノードを削除する
146:            let remove = SKAction.removeFromParent()
147:            // アクションを連続して実行する
148:            enemy.run(SKAction.sequence([move, remove]))
149:        }
150:
151:        // ミサイルの発射
152:        override func touchesBegan(_ touches: Set<UITouch>, with event: UIEvent?) {
153:            // 画像ファイルの読み込み
154:            let missile = SKSpriteNode(imageNamed: "missile")
155:            // ミサイルの発射位置の作成
156:            let missilePos = CGPoint(x: self.myShip.position.x,
157:                                     y: self.myShip.position.y +
158:                                        (self.myShip.size.height / 2) -
159:                                        (missile.size.height / 2))
160:            // ミサイル発射位置の設定
161:            missile.position = missilePos
162:
163:
164:            // ミサイルの物理ボディ、カテゴリビットマスク、衝突ビットマスクの設定
165:            missile.physicsBody = SKPhysicsBody(rectangleOf: missile.size)
166:            missile.physicsBody?.categoryBitMask = self.missileCategory
167:            missile.physicsBody?.collisionBitMask = self.enemyCategory
168:            missile.physicsBody?.contactTestBitMask = self.enemyCategory
169:            missile.physicsBody?.isDynamic = true
170:
171:            // シーンにミサイルを表示する
172:            addChild(missile)
173:
174:            // 指定した位置まで0.5秒で移動する
175:            let move = SKAction.moveTo(y: frame.height + missile.size.height,
duration: 0.5)
176:            // 親からノードを削除する
177:            let remove = SKAction.removeFromParent()
178:            // アクションを連続して実行する
```

```
179:            missile.run(SKAction.sequence([move, remove]))
180:        }
181:
182:        /// 衝突時のメソッド
183:        func didBegin(_ contact: SKPhysicsContact) {
184:
185:            // 衝突したノードを削除する
186:            contact.bodyA.node?.removeFromParent()
187:            contact.bodyB.node?.removeFromParent()
188:
189:            // 炎のパーティクルの読み込みと表示
190:            let explosion = SKEmitterNode(fileNamed: "explosion")
191:            explosion?.position = contact.bodyA.node?.position ?? CGPoint(x: 0, y: 0)
192:            addChild(explosion!)
193:
194:            // 炎のパーティクルアニメーションを0.5秒表示して削除
195:            self.run(SKAction.wait(forDuration: 0.5)) {
196:                explosion?.removeFromParent()
197:            }
198:
199:            // ミサイルが敵に当たった時の処理
200:            if contact.bodyA.categoryBitMask == missileCategory ||
201:                contact.bodyB.categoryBitMask == missileCategory {
202:                self.score += 10
203:            }
204:
205:            // 自機が爆発した時の処理
206:            if contact.bodyA.categoryBitMask == myShipCategory ||
207:                contact.bodyB.categoryBitMask == myShipCategory {
208:                // ライフを1つ減らす
209:                self.life -= 1
210:
211:                // 1秒後に restart を実行
212:                self.run(SKAction.wait(forDuration: 1)) {
213:                    self.restart()
214:                }
215:            }
216:        }
217:
218:        /// リスタート処理
219:        func restart() {
220:            // ライフが0以下の場合
221:            if self.life <= 0 {
222:                // START画面に戻る
223:                vc.dismiss(animated: true, completion: nil)
224:            }
225:
```

```
226:         // ライフが1以上なら自機を再表示
232:         addChild(self.myShip)
233:     }
234:
235: }
```

リストA-3 **GemeViewController.swift**

```
001: import UIKit
002: import SpriteKit
003: import GameplayKit
004:
005: class GameViewController: UIViewController {
006:
007:     override func viewDidLoad() {
008:         super.viewDidLoad()
009:
010:         if let view = self.view as! SKView? {
011:             // Load the SKScene from 'GameScene.sks'
012:             if let scene = SKScene(fileNamed: "GameScene") {
013:                 // Set the scale mode to scale to fit the window
014:                 scene.scaleMode = .aspectFill
015:
016:                  // ********** リスト9-5 ここから **********
017:                 (scene as! GameScene).vc = self  //追加
018:                 // ********** リスト9-5 ここまで **********
019:
020:                 // Present the scene
021:                 view.presentScene(scene)
022:             }
023:
024:             view.ignoresSiblingOrder = true
025:
026:             view.showsFPS = true
027:             view.showsNodeCount = true
028:         }
029:     }
030:
031:     override var shouldAutorotate: Bool {
032:         return true
033:     }
034:
035:     override var supportedInterfaceOrientations: UIInterfaceOrientationMask {
036:         if UIDevice.current.userInterfaceIdiom == .phone {
037:             return .allButUpsideDown
038:         } else {
039:             return .all
```

```
040:          }
041:      }
042:
043:      override var prefersStatusBarHidden: Bool {
044:          return true
045:      }
046:  }
```

記号

A

B

C

D

E

F

G

I

L

M・N

O

P

R

S

T・U

V～X

ア行

カ行

サ行

タ行

ナ行

ハ行

マ行

ヤ行

ラ行

おわりに

筆者がプログラミングと出会ったのは30年以上も前まで遡ります。初めて手にしたのは任天堂社から発売されていたファミリーベーシックと呼ばれるもので、BASICと呼ばれる言語でゲームを作成できるものでした。当時は小学6年生ということもあり、IF文の意味もFOR文の意味もよくわかりませんでした。訳も分からずコードを入力して実行すると、ゲームが作成できるのでとにかく楽しかったことを覚えています。

プログラミングをマスターする一番の近道は、とにかく手を動かすこと、そして楽しむこと思っています。初心者のうちは、はじめからリッチなアプリケーション作成に挑戦するのではなく、数行のコードから動くものを作成していくことをお勧めします。

たとえ数行のコードであったとしても、思った通りに動いたときはニヤリとしてしまいます。小さな成功体験が、やがて大きなアプリケーションへとつながりますので、あせらずじっくりと楽しんでください。

本書の**CHAPTER 6**までは、Swiftを学ぶ上での基本的な要素を詰め込んであります。ここで学べることはSwiftを使用する上で最低限知っておくべきことに限定しています。よって全てを紹介しているわけではありません。変数の宣言にはじまり、クラスの作成と利用方法までは抑えておきましょう。

CHAPTER 7以降で作成するシューティングゲームにおいては、初心者の方には少し難しく感じられる部分もあるかと思います。本文中にも記載しましたが、作成したコードを自分なりに改造してくことでより理解が深まりますし、実力もつくことでしょう。

本書を手にしていただいた読者の皆様に感謝するとともに、多くのSwiftユーザーが育っていくことを心より願っています。

[著者]
高橋 広樹（たかはし ひろき）
Microsoft MVP for Visual Studio and Development Technologies（2009より10年連続受賞）。
SwiftのTipsサイトSwift Life（http://swift.hiros-dot.net/）とVB.NET, C#のTipsサイト（http://blog.hiros-dot.net）を運営。

主な著書
「15時間でわかるSwift集中講座」
「かんたんVisual Basic」
「15時間でわかるUWP集中講座」
「Xamarinエキスパート養成講座」
「かんたんJavaScript」（以上、技術評論社）など

● **カバーデザイン**
菊池 祐（ライラック）
● **本文デザイン**
ライラック
● **DTP**
技術評論社　制作業務部
● **編集**
原田崇靖
● **技術評論社ホームページ**
https://book.gihyo.jp

たった1日で基本が身に付く！
Swift　アプリ開発　超入門

2019年 5 月23日　　初版　第1刷発行

著者　　　高橋広樹
発行者　　片岡　巌
発行所　　株式会社技術評論社
　　　　　東京都新宿区市谷左内町21-13
　　　　　電話　03-3513-6150　販売促進部
　　　　　　　　03-3513-6160　書籍編集部
印刷／製本　図書印刷株式会社

定価はカバーに表示してあります。

ISBN978-4-297-10480-1　C3055
Printed in Japan

■ **お問い合わせについて**
本書の内容に関するご質問は、下記の宛先までFAXまたは書面にてお送りください。なお電話によるご質問、および本書に記載されている内容以外の事柄に関するご質問にはお答えできかねます。あらかじめご了承ください。

〒162-0846
東京都新宿区市谷左内町21-13
株式会社技術評論社　書籍編集部
「たった1日で基本が身に付く！
Swift　アプリ開発　超入門」質問係
FAX：03-3513-6167
URL：https://book.gihyo.jp/116

なお、ご質問の際に記載いただいた個人情報は、ご質問の返答以外の目的には使用いたしません。また、ご質問の返答後は速やかに破棄させていただきます。